Ahmed Boutmedjet

Valorisation agricole des boues d'épuration urbaines

Ahmed Boutmedjet

Valorisation agricole des boues d'épuration urbaines

Effets sur les plantations forestières et amélioration des sols sableux

Presses Académiques Francophones

Impressum / Mentions légales

Bibliografische Information der Deutschen Nationalbibliothek: Die Deutsche Nationalbibliothek verzeichnet diese Publikation in der Deutschen Nationalbibliografie; detaillierte bibliografische Daten sind im Internet über http://dnb.d-nb.de abrufbar.
Alle in diesem Buch genannten Marken und Produktnamen unterliegen warenzeichen-, marken- oder patentrechtlichem Schutz bzw. sind Warenzeichen oder eingetragene Warenzeichen der jeweiligen Inhaber. Die Wiedergabe von Marken, Produktnamen, Gebrauchsnamen, Handelsnamen, Warenbezeichnungen u.s.w. in diesem Werk berechtigt auch ohne besondere Kennzeichnung nicht zu der Annahme, dass solche Namen im Sinne der Warenzeichen- und Markenschutzgesetzgebung als frei zu betrachten wären und daher von jedermann benutzt werden dürften.

Information bibliographique publiée par la Deutsche Nationalbibliothek: La Deutsche Nationalbibliothek inscrit cette publication à la Deutsche Nationalbibliografie; des données bibliographiques détaillées sont disponibles sur internet à l'adresse http://dnb.d-nb.de.
Toutes marques et noms de produits mentionnés dans ce livre demeurent sous la protection des marques, des marques déposées et des brevets, et sont des marques ou des marques déposées de leurs détenteurs respectifs. L'utilisation des marques, noms de produits, noms communs, noms commerciaux, descriptions de produits, etc, même sans qu'ils soient mentionnés de façon particulière dans ce livre ne signifie en aucune façon que ces noms peuvent être utilisés sans restriction à l'égard de la législation pour la protection des marques et des marques déposées et pourraient donc être utilisés par quiconque.

Coverbild / Photo de couverture: www.ingimage.com

Verlag / Editeur:
Presses Académiques Francophones
ist ein Imprint der / est une marque déposée de
OmniScriptum GmbH & Co. KG
Heinrich-Böcking-Str. 6-8, 66121 Saarbrücken, Deutschland / Allemagne
Email: info@presses-academiques.com

Herstellung: siehe letzte Seite /
Impression: voir la dernière page
ISBN: 978-3-8381-7362-7

Remerciements

Le présent document est une contribution à l'étude de la valorisation des boues d'épurations urbaines, il fut réalisé dans le cadre d'un mémoire de fin d'étude de Magister, spécialité Agronomie Saharienne, option : protection de l'environnement en zones arides, à l'université Kasdi Merbah de Ouargla

Ce travail n'aurait jamais vu le jour sans la collaboration de plusieurs personnes et structures en particulier :

Le professeur M.T. Halilat (Université de Ghardaïa) ;

Les professeurs: A Messaitfa, M Chelloufi, Mme A Alioua et Mme S Bissati ;

Les responsables de la DP/GTL (Sonatrach).

Je remercie infiniment mes collègues M.Belarousi et M.Benbrahim pour leur assistance particulière durant l'expérimentation. Mes remerciements vont aussi à mes amis et collègues qui m'ont encouragé à rédiger ce document, à savoir M.Adamou A et M.kouidri M

Je remercie toute personne ayant contribuée de près ou de loin à la réalisation de ce travail

TABLES DES MATIERES

Introduction.. 05
Chapitre 1 : Les boues résiduaires urbaines................................. 08
  1.1. Origines des boues résiduaires.. 09
    1.1.1. L'épurations des eaux usées et apparition des boues résiduaires. 10
    1.1.2. Exemple d'une station d'épuration..................................... 14
    1.1.3. Traitement des boues d'épuration....................................... 16
  1.2. Devenir des boues résiduaires... 20
  1.3. Effets des boues résiduairessur l'environnement.................... 23
    1.3.1. Aspects agronomiques de l'utilisation des boues résiduaires...... 23
    1.3.2. Contraintes d'utilisation des boues résiduaires..................... 27
Chapitre 2 : Model biologiques (essences forestières)...................... 33
  2.1. Eucalyptus.. 33
  2.2. Acacia.. 37
  2.3. Casuarina... 41
Chapitre 3 : Essai expérimental.. 44
  3.1. Présentation de la région d'étude... 44
    3.1.1. Situation géographique.. 44
    3.1.2. Le climat.. 44
      3.1.2.1. La température... 45
      3.1.2.2. Les précipitations.. 46
      3.1.2.3. Le vent.. 46
      3.1.2.4. L'humidité.. 46
      3.1.2.5. L'évaporation.. 46
      3.1.2.6. L'insolation.. 46
      3.1.2.7. Classification du climat.. 47
    3.1.3. Le milieu physique... 49
      3.1.3.1. Le relief... 49
      3.1.3.2. La géologie.. 49
      3.1.3.3. Les sols... 49
      3.1.3.4. L'hydrogéologie.. 50
      3.1.3.5. La flore... 51
      3.1.3.6. Le site expérimental... 51
  3.2. Méthodologie.. 52
    3.2.1. Le protocole expérimental... 52
      3.2.1.1. Le dispositif expérimental... 52
      3.2.1.2. La plantation.. 55
      3.2.1.3. L'irrigation.. 55

3.2.1.4. Le désherbage... 56

3.2.2. Mesures et prélèvements effectuées 57

3.2.2.1. Mesures de la hauteur.. 57

3.2.2.2. Prélèvements des échantillons du sol............................ 57

3.2.2.3. Prélèvements des échantillons de boue......................... 57

3.2.2.4. Prélèvements des échantillons foliaires 58

3.2.3. Les méthodes d'analyses.. 58

3.2.3.1. Analyses du sol... 58

3.2.3.2. Analyses de la boue... 60

3.2.3.3. Analyses du végétal... 60

3.2.3.4. Analyses statistiques... 61

3.3. Résultats et interprétations.. 61

3.3.1. Résultats et interprétations d'analyses de la boue.................. 61

3.3.1.1. Résultats 61

3.3.1.2. Interprétation... 62

3.3.2. Effets des boues sur la croissance en hauteur......................... 64

3.3.2.1. Résultats 64

3.3.2.2. Interprétation.. 65

3.3.3. Résultats et interprétations d'analyses du sol......................... 70

3.3.3.1. Résultats et interprétation d'analyse du sol sableux (initial). 70

3.3.3.2. Résultats et interprétation d'analyse du sol après expérimentation.. 72

3.3.4. Résultats et interprétations des analyses foliaires.................. 88

3.3.4.1. Résultats et interprétation d'analyses des macroéléments..... 89

3.3.4.2. Résultats et interprétation d'analyses des éléments traces..... 99

3.3.5. Etude de quelques corrélations...................................... 105

3.3.5.1. La matrice de corrélation.. 105

3.3.5.2. Relation entre le pH et le taux de la matière organique........ 106

3.3.5.3. Relation entre la matière organique et les teneurs des différents minéraux.. 107

Conclusion générale... 111

Références bibliographiques.. 114

Annexe.. 121

.

INTRODUCTION

Rénovation, évolution et consommation quelques termes qui caractérisent, le mieux la société humaine dans ce 3ème millénaire, où l'industrialisation de cette société a produit la mutation de ses individus en grands consommateurs qui, en contrepartie, polluent et détruisent leur environnement vital.

Ainsi, de grandes superficies de terres, des cours d'eau, des lacs et des mers ont été souillés par les déchets de la société moderne, à part la nuisance engendré et la transformation des milieux naturels en décharges publiques, où on assiste ces dernières années, à une fragilité prononcée de l'écosystème planétaire, seul garant de notre survie.

Cette situation alarmante a eu comme effet une prise de conscience collective, qui contribue à faire de la protection de l'environnement un thème fondamental pour la vie de l'être humain et la sauvegarde de la nature.

Un des problèmes lié à la pollution est les rejets des eaux usées, ces dernières, issues des diverses activités urbaines, ne peuvent être rejetées telle quelles sont dans l'environnement car elles contiennent divers polluants organiques et minéraux. Elles doivent donc subir, avant leur rejet dans le milieu naturel, un traitement d'épuration qui est réalisé dans des stations d'épuration.

L'effet consenti par l'Algérie, ces dernières années en matière de traitement des eaux usées est considérable, où il existe actuellement plus d'une centaine de stations d'épuration. 52 d'entre elles sont destinée à l'épuration des eaux usées domestique et 60 à l'épuration des eaux usées industrielles, et 435 bassins de décantation, où malheureusement 40% des stations d'épuration urbaine sont à réhabilités. Celles-ci en fournissant à la nature un produit plus facilement recyclable aidant à limiter la dissémination de la pollution organique due à l'activité de l'homme.

Cependant, un sous-produit résulte de cette épuration, il s'agit des boues résiduaires qui en réalité sont une concentration de charge polluante, où la production de boue, croit bien sûr avec le développement des stations d'épuration. A l'échelle nationale, leur production s'élève à moins d'un million de tonnes par an pour l'ensemble des stations en fonctionnement (BAZI, 1992). Donc, le problème majeur consiste à trouver une solution pour éliminer ces résidus dans les conditions les plus économiques tout en respectant les contraintes liées à la protection de l'environnement et l'hygiène publique.

S'agissait-il d'épurer les eaux usées pour la protection de la nature tout en créant un autre moyen de pollution ? Dans ce cas, on n'aurait pas assainit notre environnement mais, uniquement, transféré la pollution des eaux vers un nouveau produit inconnu et dangereux, puisque son élimination semble difficile.

Sachant que les boues résiduaires urbaines en plus des polluants et métaux lourds sont composées d'éléments nutritifs peuvent être intéressants pour la fertilité des sols, beaucoup de chercheurs ont pensés à les valoriser car le recyclage par épandage est en général plus économique que l'élimination vu que ces boues doivent être considérées comme une matière première qui peut être utilisée, mais l'idée d'utiliser ce produit en agriculture est difficilement acceptée, et notre pays connaît un certain retard dans ce domaine par apport à ses voisins. Ainsi en Tunisie, l'utilisation des boues résiduaires à des fins agricoles constitue une technique d'amélioration de la fertilité des sols. D'autres pays comme les U.S.A, Royaume Unie, l'Allemagne, la France et la Suisse, pratiquent très largement cette technique. En fait cette réaction en Algérie provient surtout d'une méconnaissance des avantages et inconvénients de ces résidus, malgré que les anciens ouvrages traitant l'agronomie au Sahara Algérien, sont riches en informations sur les façons très diverses dont on utiliser les excréments humain dans les palmeraies.

Paradoxalement, la non utilisation de ce sous-produit survient à une époque où les fumures organiques classiques, tel que les fumiers se font de plus en plus rares, donc il est normal qu'un intérêt soit porté à ce sous-produit et à son utilisation.

Il apparaît comme une évidence que la quantité de matières organiques et d'éléments fertilisants apportés par les boues produites en Algérie est spécialement en zones sahariennes est très faible par rapport aux besoins totaux de l'agriculture nationale et régionale. Il résulte de cette remarque que la valorisation agricole des boues n'est pas apte à subvenir aux besoins nationaux en matière organique et en fertilisants ; inversement, il n'y a pas à craindre de saturation de ce débouché, qui est théoriquement quasi-illimité, donc la valorisation agricole des boues ne pourra au mieux concerner qu'une très petite minorité d'agriculteurs.

Sachant que de nombreux travaux (EPSTEIN et *al.*, 1976 ; VAN DE MAELE et *al.*, 1981 ; BARIDEAU, 1986 ; ROSZYK et *al.*, 1989) démontrent d'une façon incontestable les avantages de l'utilisation agricole des boues.

Concernons le choix des cultures, il est lié à la présence des métaux lourds et à la richesse des boues en ces métaux. L'épandage des boues sur les légumes consommés crus est à effectuer sous réserve, en effet, certaines cultures telles que la laitue et la tomate sont susceptibles d'accumuler le Cadmium d'une manière considérable (POMMEL, 1979). Pour les cultures céréalières il faut éviter les doses excessives en azote afin de prévenir la verse.

L'utilisation des boues résiduaires de stations d'épuration urbaines en sylviculture semble à priori, poser moins de problèmes qu'en agriculture. En effet, les risques de toxicité vis-à-vis de l'homme, sont peu envisageables, par exemple par passage des métaux lourds dans la chaîne alimentaire.

Notre travail s'inscrit dans un contexte à double intérêt, le premier vise la protection de l'environnement et le second la valorisation des boues résiduaires urbaines en plantation forestières dans les zones arides.

CHAPITRE 1 : LES BOUES RESIDUAIRES URBAINES

Les éléments polluants et leurs produits de transformation retirés de la phase liquide au cours de tout traitement d'eau, quelle qu'en soit la nature, se trouvent finalement rassemblés dans la très grande majorité des cas dans des suspensions plus ou moins concentrées dénommées « boues » (DEGREMONT, 1989 a). Le caractère commun de toutes ces boues est de constituer un déchet encore très liquide. Certaines d'entre elles sont chimiquement inertes, mais celles qui proviennent du traitement biologique sont souvent fermentescibles et nauséabondes.

Selon DUDKOWSKI (2000) les boues existent sous plusieurs formes :

- Les boues liquides : proviennent des petites stations des zones rurales et périurbaines.

- Les boues pâteuses : issues des moyennes stations.

- Les boues chaulées, de consistance pâteuse ou solide : produites des stations de moyenne ou grande taille et représentent 30% des tonnages de boues.

- Les boues compostées : résultent des stations de moyenne taille et ne représentent que 2% des tonnages de boues.

- Les boues séchées : sont peu fréquentes.

Concernant la classification des boues, chose primordial dans le choix du type de traitements, nous avons opté pour celle de DEGREMONT (1989 a), qui est basée sur l'origine et la composition des boues, ce que fait sortir les principales classes suivantes :

➢ Classe organique hydrophile : Les difficultés de déshydratation de ces boues sont dues à la présence d'une fraction importante de colloïdes hydrophiles. Se rangent dans cette catégorie toutes les boues résultant du traitement biologique d'eaux résiduaires, et dont la teneur en matières volatiles peut atteindre 90% de la totalité de la matière sèche.

➤ Classe minérale hydrophile : Ces boues contiennent des hydroxydes métalliques formés au cours des procédés physico-chimiques par précipitation d'ions métalliques présent dans l'eau à traiter (Al, Fe, Zn, Cr) ou dus à l'emploi de floculant minéraux (sels ferreux ou ferriques, sels d'aluminium).

➤ Classe huileuse : Elle est caractérisée par la présence dans les effluents de quantités même faibles d'huiles ou de graisses minérales (ou animales).

➤ Classe minérale hydrophobe : Caractérisées par un taux prépondérant de matières particulaires à faible teneur en eau liée (sables, limons, scories…).

➤ Classe minérale hydrophile-hydrophobe : Elles comprennent principalement des matières hydrophobes, contiennent suffisamment de matières hydrophiles pour que l'influence défavorable de celles-ci en déshydratation deviennent prépondérantes.

➤ Classe fibreuse : Ces boues sont généralement faciles à déshydrater sauf lorsque la récupération poussée de fibres fait évoluer cette classe vers le type hydrophile, par suite de la présence d'hydroxydes ou de boues biologiques.

1.1. Origine des boues résiduaires

L'origine des boues résiduaires (procédé d'épuration des eaux usées) et la nature des traitements qu'elles subissent, conditionnent de façon capitale leurs diverses propriétés et par conséquent leur comportement ultérieur dans les sols agricoles.

Il nous a paru judicieux avant de présenter notre travail et les résultats obtenus d'évoquer la nature des traitements subis préalablement par l'eau et la boue.

Dans la description qui suit nous prendrons comme exemple la station d'épuration de Gassi-Touil qui sera présenté ultérieurement et ceci en la comparant avec le procédé général d'épuration. Les boues produites par cette station ont fait l'objet de notre travail, sachant que l'épuration des eaux usées dans cette station est réalisée suite à un traitement biologique dit à « boues activées ».

Les procédés par boues activées comportent essentiellement une phase de mise en contact de l'eau à épurer avec un floc bactérien en présence d'oxygène (aération), suivie par une phase de séparation de ce floc (clarification) (DEGREMONT, 1989 b). Ils sont en fait une intensification de ce qui se passe dans le milieu naturel, la différence provient d'une plus grande concentration en micro-organismes et par conséquent, d'une demande volumique en oxygène plus importante.

1.1.1. L'épuration des eaux usées et l'apparition des boues résiduaires

Selon BANTOUX (1993) les eaux domestiques, sont les eaux vannes et les eaux ménagères :

- Les eaux vannes : Proviennent des blocs sanitaires, et contiennent 20 à 30% du volume des eaux usées totales, elles sont fortement chargées en composés azotés et phosphorés ainsi qu'en germes de micro-flore intestinale pouvant être pathogènes.

- Les eaux ménagères : elles comprennent les eaux de cuisine et de lavage, leur volume peut atteindre 70 à 80% du volume total des E.U.D, leur charge polluante et environ 60 à 70% de la pollution organique totale, elles contiennent également une micro flore bactérienne importante non exempt de germes pathogènes.

Les eaux usées qui sont déversés par les agglomérations urbaines contiennent un taux de polluant ne permettant par leur rejet direct en milieu naturel, ainsi elles doivent impérativement subir des traitements d'épuration afin d'éviter une pollution dangereuse de l'environnement.

Les principaux traitements (Figure 01), que subissent les eaux usées à leur arrivée au niveau de la station sont :

a) Le prétraitement : l'eau usée est relevée par deux vis d'Archimède, à partir des collecteurs vers la station. Le prétraitement consiste à éliminer les éléments de taille susceptible d'entraver le fonctionnement des équipements de traitement. Ce sont les opérations de dégrillage qui extraient les éléments grossiers grâce à des grilles de 8 à 10cm doublées d'une grille plus fine de 15 à 20mm d'espacement, suivie par un dessablage qui élimine les sables et graviers par gravité. Ensuite le dégraissage et le déshuilage favorisant l'émulsion des corps gras par injection d'air comprimé, l'écume générée est alors facilement éliminée.

Le prétraitement qui est un procédé uniquement mécanique, permet l'élimination des débris non biodégradables qui risqueraient d'entraver le procédé d'épuration de la station.

b) Le traitement primaire (décantation primaire): Ce sont les fractions décantables des matières en suspension qui sont éliminées. Le résultat peut être de 45 à 95% des matières en suspension (DEVAUX et *al*, 1998).Cette opération dite aussi décantation primaire, est pratiquée soit dans des décanteurs primaires circulaires avec fond racleur, soit dans des bassins rectangulaires à raclage mécanique. Le produit de cette décantation est appelé « boues primaires ». Cette étape n'existe pas dans la STEP de Gassi-Touil, vu le petit volume de cette station.

c) Le traitement biologique (bassin d'aération) : Dans le traitement biologique des eaux usées, on fait généralement appel aux processus aérobies, après avoir éliminé une grande partie des matières en suspension, survient l'étape qui consiste à éliminer la pollution dissoute, ceci par accélération de l'épuration naturelle en mettant en contact des micro-organismes avec la matière organique. On utilise dans cette opération des bactéries et des protozoaires variés (DEVAUX et *al*, 1998).

La plupart des systèmes de traitement biologique des rejets organiques utilisent des micro-organismes hétérotrophes qui emploient le carbone organique comme source d'énergie.

Le procédé aérobie provoque le développement des bactéries, qui par des actions physico-chimiques retiennent la pollution organique et s'en nourrissent.

Le procédé à boue activée consiste en un réacteur biologique aérobie, où l'on provoque le développement d'une culture bactérienne dispersée sous forme de flocons appelés bioflocs (ENTH, 1991), le réacteur est alimenté en eau polluée et le mélange eau usée bioflocs est appelé liqueur mixte, cette dernière est maintenue dans un régime turbulent par un aérateur submersible.

Toujours et dans le même objectif, et selon GAMRASNI (1979) d'autres procédés peuvent être utilisés :

- Les lits bactériens en utilisant des supports variés.
- Le lagunage, celui-ci nécessite de grandes surfaces, où elle produit peu de boue.
- les fosses septiques, grâce à un filtre percolateur.

d) La décantation secondaire : Après un temps de contact suffisamment long, la liqueur mixte est envoyée dans un décanteur secondaire dit aussi clarificateur. Durant cette phase, une séparation solide / liquide s'effectue par gravité, celle-ci est obtenue dans un bassin cylindro-conique, où l'eau épurée est séparée des boues, le dépôt formera les boues activées qui sont recyclées et réinjectées vers le bassin d'aération, l'excès rejoindra les boues primaires.

Le produit de cette décantation II constitue les «boues secondaires», ces dernières sont généralement associées aux boues primaires, forment les boues fraîches ou mixtes, qui sont plus riches en fertilisants que les boues primaires (POMMEL, 1979).

e) Le traitement tertiaire (chimique) : Il peut être nécessaire pour satisfaire des normes de qualité. Selon AXXIO (2000), cette opération peut être de nature :

- Biochimique : dénitrification par des bactéries autotrophe qui consomment l'oxygène des nitrates.

- Chimique : déphosphatation par action de la chaux.

- Physico-chimique : emploi de résines échangeuses d'ions.

Dans la station d'épuration de Gassi-Touil, la chloration est la dernière étape de dépollution. La désinfection a pour finalité de détruire les germes pathogènes, non éliminés par le procédé des boues activées, elle est réalisée par un agent oxydant, l'hypochlorite de sodium (NaOCl), plus communément appelée eau de javel, qui a une action germicide directe, l'eau ainsi épurée, est utilisé pour l'irrigation des brises vents et d'espaces verts. Une autre partie de cette eau est versé dans ce qu'on appelle le bourbier.

Photo 1: Le bourbier de Gassi-Touil (cliché Boutmedjet)

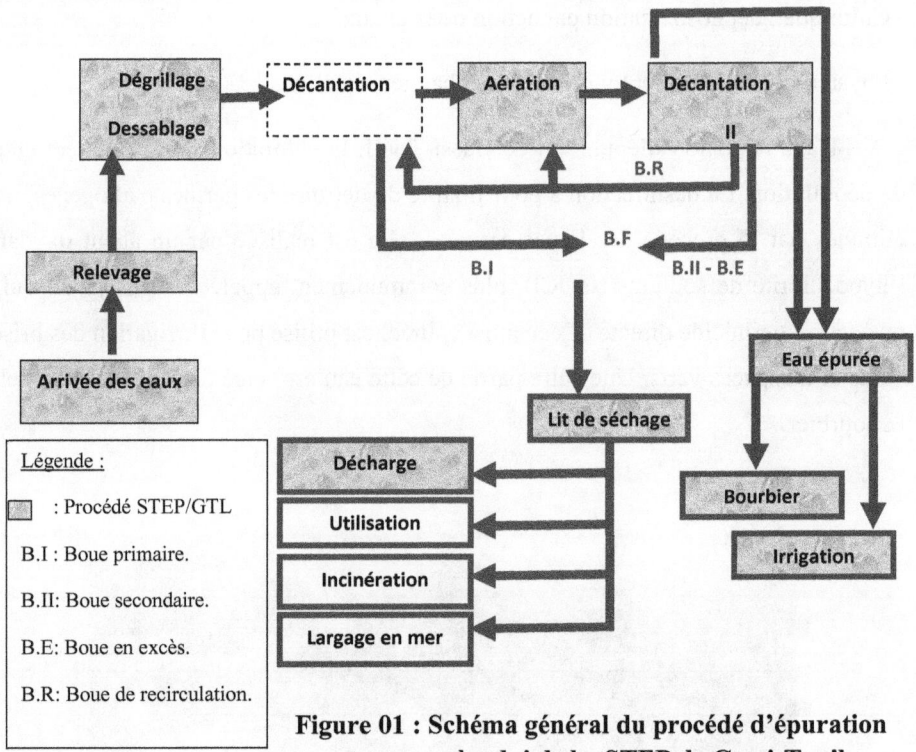

Légende :

▨ : Procédé STEP/GTL

B.I : Boue primaire.

B.II: Boue secondaire.

B.E: Boue en excès.

B.R: Boue de recirculation.

Figure 01 : Schéma général du procédé d'épuration comparer à celui de la STEP de Gassi-Touil

1.1.2. Exemple d'une Station d'épuration (STEP/GTL)

Les stations d'épuration ont pour rôle d'éliminer la plus grande partie des substances contenues dans les eaux issues des industries et des collectivités. Les procédés utilisés sont biologiques et/ou physicochimiques et traitent les rejets biodégradables.

La station sur laquelle nous avons travaillé, se trouve dans la base de vie Sonatrach (société pétrolière Algérienne) de Gassi-Touil. Cette dernière située au milieu du grand Erg oriental, à 225 Km au sud-est d'Ouargla et à 150 Km de Hassi-Messaoud, sur l'axe routier (RN3) reliant Hassi-Messaoud à In Amenas.

Cette station d'épuration des eaux usées urbaines est fonctionnelle depuis 1994, dont les objectifs sont :

- L'épuration des eaux usées pour l'assainissement de l'environnement.
- La valorisation des eaux épurées (irrigation des espaces verts et des brises vents).

Photo 2: Vue générale de la STEP de Gassi-Touil (cliché Boutmedjet)

Les données de base (capacité) sur la station de Gassi-Touil, sont comme suit :

- Type de réseau : unitaire.
- Nature des eaux brutes : domestique.
- Population   : 1000 E.H (Equivalent habitant).
- Débit moyen journalier : 100 m^3.
- Débit moyen horaire   : 4,2 m^3/ j.
- Débit de pointe   : 12,6 m^3/ j.
- DBO$_5$: 40 kg / j.
- Matière en suspension : 100 kg / j.

- Type de station : type boues activées à faible charge (ou aération prolongée).

- Compartiments de la station : (voir photo 02)

  ➤ Pour la partie eaux usées :
  - Un poste de relevage avec panier de dégrillage grossier.

  - Un bassin d'aération avec dessablage-déshuilage.

  - Un bassin de clarification (décanteur secondaire).

  - Un bassin de chloration.

  ➤ Pour la partie boues :
  - Pompe à boue en excès et de circulation.

  - Deux lits de séchage.

1.1.3. Traitement des boues d'épuration

L'urbanisation et la protection de l'environnement, rendent de jour en jour plus difficile le retour pur et simple, sans conditionnement préalable des boues dans le milieu naturel, pour cela le traitement de ces boues est devenu un corollaire inévitable du traitement de l'eau, et il nécessite des moyens techniques et financiers parfois très importantes.

Une station d'épuration, produit en moyenne par habitant et par jour 2,5 litre de boue, contenant 20 gr de matière sèche par litre (DEVAUX et al, 1998). Ces boues doivent être stabilisées pour éliminer leur putrescibilité et une partie de leur eau.

La quantité de boues produites dépend directement de la quantité de MES (matières en suspension) éliminée et de celle des réactifs de traitement utilisés.

Selon DEGREMONT (1989 a) le traitement des eaux résiduaires urbaines conduit à la production des quantités de boues moyennes indiquées dans le tableau 1.

Tableau 1. Production moyenne de boue en traitement d'E.R.U (DEGREMONT, 1989 a)

Traitement	M.E.S (g/hab.j)	Volume (l/hab.j)
D.P	40 – 60	0,4 – 0,8
D.P + Dig.an	25 – 40	0,35 – 0,7
D.P + L.B	65 – 75	1 – 1,9
D.P + L.B + Dig.an	40 – 55	0,9 – 1,8
D.P + B.A	75 – 90	1,3 – 2,6
D.P + B.A + Dig.an	50 – 65	1,2 – 2,5

D.P : décantation primaire, **L.B** : lits bactériens, **B.A** : boues activées

Dig.an : digestion anaérobie

Jusqu'à une époque récente, les préoccupations en matière de traitement des boues d'épuration ont principalement consisté à les éliminer sans odeur et sous le plus faible volume possible. Et pour pallier ces contraintes, il est nécessaire d'avoir recours aux techniques suivantes :

a) La stabilisation des boues : elle a pour objet la destruction de la matière organique, afin d'éviter les nuisances engendrées par les boues telle que les mauvaises odeurs.

Elle peut être aérobie (cas de notre station), où elle est réalisée en bassin ouvert aéré. Le procédé convient aux petites stations et réduit la matière organique de 30 à 35 % (DEVAUX et *al., 1998*).

La stabilisation peut être aussi anaérobie, où les boues sont introduites dans des digesteurs dans lesquels des bactéries actines réduisent la matière organique. La fraction organique détruite par ce traitement est de l'ordre de 45 % (BAZI, 1992). La digestion anaérobie est plus utilisée dans les grandes installations tandis que la stabilisation aérobie concerne les petites stations.

L'objectif principal de cette stabilisation est de diminuer le nombre d'organismes pathogènes présents dans les boues.

b) Le conditionnement des boues : C'est une technique qui doit faciliter la déshydratation des boues, elle conduit à des siccités et états physiques variables. Il peut se faire selon plusieurs procédés :

➢ **Utilisation des lits de séchage :** (Photo 03) c'est des bassins rectangulaires dans lesquels on introduit environ 20 cm de boues, l'eau est drainée grâce à la tuyauterie drainante, qui se trouve sous la plat-forme composée d'une couche de gravier et de sable. On élimine ainsi jusqu'à 55% d'eau et c'est le procédé le plus courant (DEVAUX et *al.,* 1998). C'est le cas de la station d'épuration de Gassi-Touil, les boues sont épandues sur les deux lits de séchage, où elles sont déshydratées naturellement au bout d'un certain temps qui est d'autant plus court qu'il fait plus chaud et qu'il y'a moins d'humidité dans l'air. Il faut compter en moyenne avec une durée d'une semaine en été à un mois en hiver (ENTH, 1991), donc la déshydratation des boues se réalise par évaporation et par percolation de l'eau.

Les boues bien séchées ont une siccité de 65 % de matière sèche, soit une concentration de 650 g / l (ENTH, 1991). La boue ainsi récupérée, étant très riche en éléments nutritifs peut servir comme amendements en agriculture, ce qui n'est pas le cas à Gassi-Touil, où le destin des boues résiduaires est la décharge, chose qui est considérée comme un gaspillage de toute cette valeur fertilisante.

Photo 3: lit de séchage des boues (STEP/GTL) (cliché Boutmedjet)

➢ **Les procédés mécaniques :** les boues sont d'abord traitées par des réactifs minéraux (sulfate d'ammonium, sulfate ou chlorure ferrique, chaux) ou par des réactifs organiques diminuant leurs caractères hydrophiles, puis elles sont filtrées ou centrifugées. Selon IDIRI et KADID (1993), les méthodes de déshydratation mécanique sont nombreuses :

- Aspiration de l'eau par le vide.

- Compression de la boue par filtre presse.

- Passage au tamis vibrant

Selon BAZI (1992) La boue après déshydratation présente une teneur en eau de l'ordre de 60 %.Il est utile de noter que le pH peut être élevé de façon considérable par un traitement à la chaux

➢ **Les procédés thermiques :** le séchage thermique est effectué par introduction des boues dans un échangeur thermique à axe horizontale ou verticale, la vapeur d'eau s'élimine dans la partie haute, alors que les boues sèches tombent dans la partie inférieure. Il permet l'évaporation de l'eau interstitielle et même de l'eau de constitution (LASSEE, 1985 a), l'eau peut être réduite à 10 %, mais c'est un procédé coûteux (DEVAUX et *al*, 1998). Le conditionnement thermique détruit semble-tilune petite fraction de la matière organique (10 à 15%) (BRAME et FEUTRY in POMMEL, 1979).

1.2. Devenir des boues

Suite aux opérations d'épuration des eaux résiduaires urbaines, des quantités importantes de boues sont produites, où le problème de leur élimination se pose avec acuité.DEGREMONT (1989 a), a cité les principales destinations des boues suivantes :

➤ Amendements des sols : On utilise des boues issues du traitement d'ERU et de certaines ERI. Les caractéristiques agronomiques principales des boues provenant de stations d'épuration biologique d'ERU sont illustrées dans le (tableau 02), ces boues sont généralement plus intéressantes par les matières humiques qu'elles apportent et par l'amélioration du pouvoir de rétention d'eau du sol que par le seul apport de matières nutritives.

Tableau 02 : Quelques caractéristiques agronomiques des boues urbaine (% MS) (DEGREMONT, 1989 a)

Eléments	Décantation primaire		Décantation primaire + épuration biologique		Aération prolongée
	Fraîches	Digérées	Fraîches	Digérées	
M.O	55 – 65	40 – 55	60 – 80	40 – 65	55 – 70
N	2,5 – 3	2 – 2,5	3,5 – 4,5	2 – 2,5	4 – 5
P	1 – 1,5	0,5 – 1	2 – 2,5	1 – 1,5	2 – 2,5
K	0,2 – 0,3	0,2 – 0,3	0,2 – 0,3	0,2 – 0,3	0,2 – 0,3
Ca	5 – 15	5 - 15	5 – 15	5 – 15	5 – 15

➢ Récupération de produits : Elle n'est envisageable que sur certains éléments contenus dans les boues, en particulier :

- Récupération de fibres dans les industries du papier-carton et du bois.

- Récupération de protéines (essentiellement dans les industries de viande) à des fins de productions d'aliments de bétail ou pour la pisciculture.

- Réutilisation du carbonate de calcium et de la chaux des boues provenant d'un traitement massif à la chaux.

- Récupération de Zn, Cu, Cr, dans les boues provenant d'une épuration d'eaux de traitement de surface.

- Réutilisation de boues minérales après séchage thermique ou de cendres d'incinération dans la construction de revêtement routier.

➢ Récupération d'énergie : L'emploi des boues comme combustible exportable en dehors de l'usine d'épuration est rare. Cette opération s'effectue essentiellement sous deux formes principales :

- Production de gaz méthane par fermentation. Le gaz est utilisé pour le chauffage, l'alimentation des groupes électrogènes et le conditionnement thermique des boues elles-mêmes.

- Production calorifique dans les fours d'incinération. L'énergie produite sert à sécher les boues, est peut même être transformé en énergie électrique.

Mais les coûts du combustible nécessaire à l'incinération des boues, remettent en question ce mode d'élimination des boues.

➢ Décharge : C'est sans doute la destination finale la plus fréquente des boues produites. Le résidu peut être plus ou moins important, mais même dans le cas d'incinération il demeure un sous-produit de volume non négligeable. Cette décharge peut aller de la simple lagune à boues liquides, jusqu'au remblaiement d'excavations ou de dépressions à l'aide de boues sèches. Une solution parfois envisagée, en particulier sur les boues toxiques, où on incorpore aux boues liquides des produits solidifiant (silicates, ciment, etc…). Ce mode de traitement présente un risque de lixiviation, une condamnation définitive des surfaces. Donc cette méthode suppose la présence d'une décharge contrôlée sans impact sur l'environnement.

➢ Rejet en mer : il nécessite au préalable un examen minutieux et prolongé des courants ainsi que des études bactériologiques, biologiques et piscicoles de qualité. La destruction des germes pathogènes en milieu marin est lente. Le largage en mer représente à la fois un déplacement des problèmes de pollution et une perte de matériel potentiellement réutilisable.

En Europe, et selon IMPENS et *al* (1989), voici quelques solutions qui peuvent être qualifiées de finale pour éliminer les boues d'épuration :

- 45 % en décharges contrôlées.

- 07 % à incinérer.

- 18 % à déverser en mer.

- 30 % pour la valorisation agricole.

Alors que LESTER et *al* (1983 in GRENIER, 1989), affirme qu'en Royaume uni, 67% des boues produites sont épandues sur les terres (2/3 en valorisation agricole et 1/3 en valorisation de site), 29% son larguer en mer et 4% incinérés.

La valorisation agricole des boues est la méthode la plus pratique, vu qu'elle constitue un débouché très important pour les boues, qui pourraient ainsi être valorisées comme amendement organique des sols agricoles, et remplacer partiellement d'autres apports (engrais et résidus de végétaux)

Vu la faible production du fumier en Algérie, l'utilisation des boues résiduaires à des fins agricoles, peut constituer une technique améliorante pour la fertilité du sol, et peut pallier ce manque de fumier. Les boues apportent de la matière organique et des éléments fertilisants qui permettent d'accroître les rendements et d'améliorer la stabilité structurale du sol.

Cependant, cette possibilité de valorisation de boues se heurte en pratique à l'inquiétude manifestée par les agriculteurs à cause de la présence dans ces produits, des germes pathogènes et surtout des métaux lourds, plus une certaine réticence.

1.3. Effets des boues sur l'environnement

Afin de contribuer à leur élimination, l'épandage agricole des boues résiduaires constitue une possibilité intéressante. En effet, leur forte teneur en matière organique et en certains éléments fertilisants permet de les assimiler à un amendement organique. Toutefois, l'utilisation agricole de cette matière organique présente quelques contraintes en rapport avec la protection de l'environnement. C'est pourquoi, il nous a paru intéressant d'examiner ces deux aspects :

- Aspects agronomiques de l'utilisation des boues.

- Contraintes d'utilisation des boues.

1.3.1. Aspects agronomiques de l'utilisation des boues

A l'étranger de nombreuses recherches sur la valorisation agricole des boues ont été effectuées et ont débouché sur des résultats intéressants, tandis qu'en Algérie très peu de travaux ont été menés dans ce domaine spécialement dans les régions arides. Comme tout amendement organique, les effets agronomiques de l'utilisation des boues résiduaires urbaines peuvent s'exercer à 02 niveaux :

- Apport d'éléments fertilisants.

- L'action sur les propriétés des sols.

a) Apport d'éléments fertilisants : En pays développés beaucoup de chercheurs se sont penchés sur l'analyse chimique des boues (SOMMERS, 1977 ; MOREL, 1978 ; LASSEE, 1985(b) ; COILLARD et *al.,* 1988), cette dernière montre la grande diversité des teneurs en éléments fertilisants des boues résiduaires. En effet l'un des plus grands avantages qu'on peut tirer des boues d'épuration, c'est leurs teneurs élevées en matière organique, en éléments fertilisants et en oligo-éléments.

Il est à noter que la composition, la quantité d'éléments nutritifs et de métaux qui se trouvent dans les boues, varient d'une station d'épuration à une autre et varient même au sein d'une même station, dans le temps. Il pourrait être nécessaire de faire une analyse de chaque boue avant de l'utiliser comme amendement du sol ou fertilisants (Gouvernement du Québec 1984 in GRENIER, 1989). Et ces différences de composition sont dues aux types d'effluent, le procédé de traitement, de station et de conditionnement.

Par exemple : le chaulage provoquerait une diminution d'environ 25% de la teneur des boues en azote (HADDOUCHE, 1991), alors que HAMMOUCHE et SAADI (1990) estiment que la volatilisation de l'ammoniac en est la cause. Les sels de potassium, étant très solubles, sont entraînés avec l'effluent épuré. Il reste de 0,1 à 1% de K_2O dans les boues (POMMEL, 1979).

L'acide phosphorique se trouve en quantités importantes dans les boues : en moyenne 4 à 8% de P_2O_5. JACQUIN et MOREL (1980) estiment que son coefficient d'assimilabilité est au moins aussi bon que celui des engrais minéraux. Seulement 10 à 30% est sous forme organique, le reste se trouve sous forme minérale et associé au calcium, magnésium, fer et aluminium (MOREL, 1978).

L'azote a un taux relativement variable selon les boues. L'azote organique représente toujours plus 75 à 90% de l'azote total, sous forme de protéines, d'acides aminés et de composés indéfinis. La fraction minérale de l'azote est presque exclusivement représentée par l'ammonium (NH_4^+). L'azote n'est assimilable qu'en partie la première année : environ 30 à 50% pour les boues liquides et 20 à 40% pour les boues déshydratées, le taux d'assimilation annuelle va ensuite en décroissant (DEGREMONT, 1989 b).

D'autres éléments nécessaires à la croissance des végétaux sont généralement présents dans les boues résiduaires. Nous citerons : le calcium et le magnésium qui sont présent avec des quantités appréciables 0,2 à 1,5% CaO dans les boues liquides et de 2 à plus de 20% CaO dans les boues solides. Cependant, seules les boues chaulées peuvent être considérées comme un amendement calcaire (A.N.R.E.D, 1982). D'autres éléments minéraux sont apportés par les boues, ce sont le soufre, le sodium et le chlore.

Le tableau 3, présente une comparaison réalisée par (HAMMOUCHE et SAADI, 1990) entre la composition moyenne d'une boue et celle d'une substance organique utilisée communément en agriculture, le fumier de ferme.

Tableau 3. Composition comparée des boues et du fumier.

Eléments	Boues (% M.S)	Fumier (% M.S)
Carbone	33,5	43,2
Azote total	3,9	2,04
Phosphore total (P_2O_5)	5,7	1,17
Potassium (K_2O)	0,48	2,62
Calcium	4,9	3,4
Magnesium	0,54	0,52
Sodium	0,57	0,37
C/N	8,58	21

On remarque que les teneurs en N et P sont suffisamment élevées pour que l'on puisse accorder aux boues des stations d'épuration une réelle valeur fertilisante, ces dernières et selon ZERROUK (1992), pourraient même constituer éventuellement un facteur limitant à leur utilisation en trop grande quantité. Et contrairement au N et P la teneur du K est faible, cela est dû à la grande solubilité des composés potassiques éliminés lors du traitement des eaux.

Concernons le carbone organique, ça teneur est de 28,9% dans les boues solide et 35% pour les boues liquides (ZERROUK, 1992), où l'emploi de CaO pour leur floculation entraîne une diminution de carbone organique conséquence d'un départ de CO_2 et NH_3.

Vu que notre étude est basée sur des essences forestières, il serait utile d'avoir une idée sur les fertilisants chimiques utilisés dans la foresterie, où on trouve le nitrate d'ammonium, l'urée, le superphosphate et le chlorure de potassium (ARMSON et SADREIKA, 1974 in LASSEE, 1985 b). Ces fertilisants contiennent trois macro-éléments essentiels à la croissance des arbres, soit l'azote, le phosphore et le potassium.

Les fertilisants chimiques, comme leur nom l'indique ne contiennent pas de matière organique. Ils libèrent donc directement les ions nécessaires à la croissance des arbres, exception faite de l'urée qui a une action libératrice plus lente (GRENIER, 1989).

La boue résiduaire est un fertilisant organique, qui libère ses éléments nutritifs N, P et K lentement (GRENIER, 1989), malgré qu'une certaine partie de sa composition consiste en ions rapidement assimilables par la végétation soit NH_4^+ et PO_4^{-3} par exemple (COUILLARD et GRENIER, 1988). Même si les éléments chimiques ne se trouvent pas aussi concentrés dans les boues qu'ils le sont dans les fertilisants chimiques, les boues résiduaires sont un engrais organique valable.

b) L'action sur les propriétés du sol : L'utilisation agricole des boues se traduit par une amélioration des propriétés physiques des sols. Plusieurs études entreprises un peu partout dans le monde (JACQUIN et MOREL, 1976 ; POMMEL, 1979 ; LEMAIRE et *al*, 1983) ont montré que l'application des boues se traduisait par :

- Une amélioration de la stabilité structurale. Cet effet étant lié d'une part à la matière organique des boues, en particulier à la formation de produits transitoires de nature polysaccharidique et d'autre part aux cations ajoutés à la boue lors de son éventuel conditionnement chimique (Fe^{+++}, Al^{+++}, Ca^{++}). SEKOUR (1993) confirme que les boues d'épuration contribuent a amélioré la résistance des sols à l'érosion hydrique.

- Une augmentation de la perméabilité des sols lourds (JACQUN et MOREL, 1976).

- Une amélioration du bilan hydrique, où contrairement à l'amélioration de la stabilité structurale l'amélioration du bilan hydrique ne devienne évidente que pour des apports de matières organiques très importants (JACQUN et MOREL, 1976). GUCKERT et MOREL (1981) ont montré que seuls des épandages à forte charge (supérieur à 100 T de MS/ha) sont susceptibles d'agir favorablement sur la réserve en eau utile.

- Le pH du sol se trouve généralement affecté, dont l'importance est en fonction de la capacité tampon du sol. L'effet des boues sur le pH du sol est variable. POMMEL (1979) a constaté une élévation du pH dans le cas des boues floculées à la chaux, ou abaissement le plus souvent dans les autres cas

Donc la stabilité structurale, la perméabilité à l'eau et à l'air, la capacité de rétention en eau et la conductivité électrique, sont les aspects de la fertilité que la matière organique des boues peut contribuer à améliorer.

Au sujet des interrelations boues-microorganismes, SOPPER (in MAAMRIA, 1991), qui travailla sur des terres marginalisées et très dégradées avec apport de divers amendements, observa que les boues stimulent mieux l'activité microbienne (champignons, bactéries et actinomycètes...), contrairement aux fertilisants minéraux qui n'ont aucune activité stimulatrice.

1.3.2. Contraintes d'utilisation des boues

a) La phytotoxicité : Lors du processus d'épuration, on utilise le chlorure ferrique afin de floculer les phosphates et les boues, mais dans le cas d'un surplus du ($FeCl_2$), il y'aura possibilité d'avoir des effets néfastes sur le développement des végétaux (BARIDEAU, 1986).

La phytotoxicité est un risque qui apparaît après épandage des boues juste après leur traitement et peut durer de 6 à 12 mois (LETACON, 1978).

Selon BARIDEAU (1986), cet effet de phytotoxicité peut être éliminé par épandage des boues en plein air, où il y'aura une certaine maturation qui favorisera la stabilité des boues, la minéralisation de l'azote ammoniacal, l'oxydation de la matière organique et la réduction du pH qui dépasse souvent 11.

D'un autre côté, dans le cas où on éliminerait la phase de maturation on aura une diminution du taux de survie des plantations, où les plants survivants souffrirent de nécrose, chlorose et autres symptômes de toxicité.

b) La surfertilisation : Les éléments fertilisants à forte concentration apportés par les boues tel que ; l'azote, phosphore et potassium, sont provocatrices de troubles au niveau des végétaux ainsi de contamination des eaux de surface et de nappes phréatiques, néanmoins et vue les conditions de Ouargla ce risque se trouve amoindrie puisque le lessivage est faible.

BARIDEAU (1986), affirme que l'épandage des boues pour la valorisation, présente des risques beaucoup moins dangereux que ceux engendrés par le rejet des boues dans les décharges publiques, dans ce cas, la contamination des eaux est plus probable vue les importantes quantités éliminées et l'absence des mesures de sécurité

Ce risque se trouve plus aggravé par l'absence de végétation qui permet l'exploitation minérale, ce qui favoriserait l'entrée des métaux qui se trouve dans les boues dans un cycle biogéochimique et ainsi leur dégradation sans porter atteinte à l'équilibre de notre environnement.

c) Les agents pathogènes : Selon MUSTIN (1987), des micro-organismes pathogènes ou susceptibles de l'être sont toujours présents dans les boues d'épuration.

- Bactéries coliformes...........10^5 à 10^8/ml.

- Coliformes fécaux...............10^4 à 10^7/ml.

- Streptocoques fécaux............10^4 à 10^7/ml.

- Salmonelles.....................présence dans 95% des cas.

- Tenia ascaris...................présence intermittente.

d) Les métaux lourds : Le rôle de ces éléments dans la vie des plantes est important, car ils interviennent dans des réactions cellulaires en catalysant des réactions physiologiques, ce sont donc des éléments biogéniques essentiels ou oligo-éléments auxquels on peut attribuer un effet bénéfique seulement à de très faibles concentrations (LOUE, 1986).

La présence des métaux lourds dans les boues est inquiétante surtout du point de vue écotoxicologique. De nombreux chercheurs se sont penchés sur la question. Parmi les métaux lourds, certains sont des micro-éléments essentiels à la croissance des plantes et leur présence dans les boues est bénéfique tel le Zinc et le Cuivre. Cependant, ils ne doivent pas dépasser certaines concentrations sinon ils deviennent toxique (St-YVES et *al* in ABBOU, 1991) et risquent de diminuer les rendements, en inhibant la croissance des arbres, cette inhibition peut se produire si la concentration d'un métal empêche la plante de puiser un autre élément essentiel dans le milieu.

Par exemple le Zinc, Fer et le Cadmium en trop grande quantité empêche la plante de retirer le phosphore du sol (POMMEL, 1979).

Selon POMMEL (1979), les boues issues du traitement d'effluents mixtes urbaines et industrielles sont très généralement plus chargées en éléments traces (métaux lourds) que les boues purement urbaines.

Dans le cadre de l'accumulation des métaux lourds dans le sol, les travaux de ZEKAD (in GOUDJIL, 1992), montrent que certains métaux lourds apportés par les boues sont fixés dans l'horizon superficiel. Il dénote que ces éléments ne représentent aucun danger et n'entraînent aucune charge polluante à court terme.

WEBBAR (1984) propose à travers le tableau 4, les concentrations maximales des métaux lourds dans les boues aptes à être utilisé en agriculture.

Tableau 4: Concentrations maximales en (mg/kg de M.S) de métaux lourds dans les boues aptes à être utilisés sur des sols agricoles (WEBBER, 1984 in ABBOU, 1991)

Eléments / Pays	Cd	Zn	Cu	Pb	Cr	Mn	Hg
Belgique	10	2000	500	300	500	500	10
Canada	20	1850	-	500	-	-	5
Danemark	8	-	-	400	-	-	6
Finlande	30	5000	3000	1200	1000	3000	25
France	20	3000	1000	800	1000	-	10
Allemagne	20	3000	1200	1200	1200	-	25
Pays-Bas	10	2000	600	500	500	-	10
Norvège	10	3000	1500	300	200	500	7
Suède	15	10000	3000	300	1000	-	8
Suisse	30	1000	1000	1000	1000	-	10

Donc, il est impératif de déterminer la composition des boues, pour évaluer leur valeur fertilisante et ensuite détecter une éventuelle infiltration d'éléments indésirables. Des teneurs de référence ont été aussi fixées par A.F.NOR (1985) (Tableau.5). De même les boues ne doivent pas être épandues sur les sols dont les teneurs en l'un ou plusieurs éléments traces, excèdes les valeurs mentionnées dans le Tableau 5.

Tableau 5 : Teneurs limites en éléments traces dans les boues et les sols (A.F.NOR, 1985)

Eléments	Teneur en mg/Kg de MS de Boue	Teneur en mg/kg de terre
Cadmium	20	2
Chrome	1000	150
Cuivre	1000	100
Mercure	10	1
Nickel	200	50
Plomb	800	100
Sélénium	100	10
Zinc	3000	300

d) Autres risques : Selon l'étude faite par le Centre de Sociologie des organisations Française, réalisée par BORRAZ (2000), il y'a d'autres risques qui dépasse très largement la question des seuls risques sanitaires ou environnementaux, ces risques sont comme suit :

- Risques politiques : C'est le risque pour un élu local ou un service de l'Etat qui s'engage dans la voie de l'épandage agricole (soit en tant que producteur de boues, soit entant que service instructeur d'un plan d'épandage) de voir sa responsabilité mise en cause, la responsabilité pour avoir imprudemment encouragé une pratique dangereuse.

- Risques économiques : C'est le risque pour tout acteur de la filière agro-alimentaire de subir les conséquences d'une crise du type vache folle entraînant un mouvement de retrait des consommateurs, c'est le risque de ne pouvoir vendre ses produits à un acheteur qui interdit l'épandage.

-Risques sociales : C'est le risque qu'encourt tout agriculteur qui épand des boues sur ses champs de susciter une réaction aux seins de son environnement qui contribuerait à le marginaliser, à le déstabiliser dans son rôle social. Plus largement, c'est le risque pour l'agriculteur de voir son image associée à l'utilisation d'un déchet, pour des motifs financiers.

CHAPITRE 2 : MODELS BIOLOGIQUES (ESSENCES FORESTIERES)

Le choix de ces espèces s'argumente par leur abondance dans les régions sahariennes autant que brise vent dans les périmètres agricoles, ainsi que leur bonne réaction à la fertilisation, en plus de leur croissance assez rapide. Ces arbres sont considérés comme espèces pionnières. En effet, puisque notre expérimentation ne durait qu'une seule année, il était préférable de choisir des espèces pouvant présenter des résultats mesurables durant cette période.

2.1. Eucalyptus

Le genre eucalyptus, appelé « gommier » en Australie son pays d'origine, appartient à la grande famille des Myrtacées qui a déjà un représentant en zone méditerranéenne le Myrte, si commun dans les forêts de chêne de liège. Actuellement, l'Eucalyptus a été répandu artificiellement dans le monde entier.

On a reconnu dans le genre six cents espèces ou variétés (CARLIER, 1982), c'est dire combien il est difficile de les distinguer entre elles. Il y'en a cependant une centaine de bien caractérisées. La plupart des espèces d'Eucalyptus, sont riches en essences balsamiques (CAPUS 1930 in M.C.F, 1991).

Selon BOUDY (1952), les Eucalyptus sont de très grands arbres, mais leur taille est très variable, on a parlé d'arbres de 130 mètres, mais il semble qu'ils ne dépassent généralement pas 100 mètres, la moyenne est de 40 à 50 mètres pour les espèces les plus connues. Les diamètres correspondant varient de 1 à 1,50 mètres. Le flux est rectiligne et atteint, selon la taille de l'arbre 18 à 30 mètres, les feuilles (Figure 2) sont entières, coriaces avec une forte cutine (épiderme transformé et durci), elles sont persistantes et souvent aromatiques, les jeunes feuilles sont presque toujours différentes des feuilles adultes. L'enracinement est développé ou la plupart des espèces, émettent un fort pivot, de puissantes racines latérales. La fructification est abondante et annuelle, l'arbre commence généralement à donner des fleurs à 5 ou

33

6 ans, les graines sont petites et conservent plusieurs années leur faculté germinative et elles germent facilement. Leur texture coriace augmente encore leur résistance à la chaleur (CARLIER, 1982).

En Australie, les eucalyptus ont une longévité d'au moins 200 à 250 ans, mais qui doit être moindre hors d'Australie (150 à 200 ans), en raison de la croissance plus grande et de la rapidité de l'évolution.

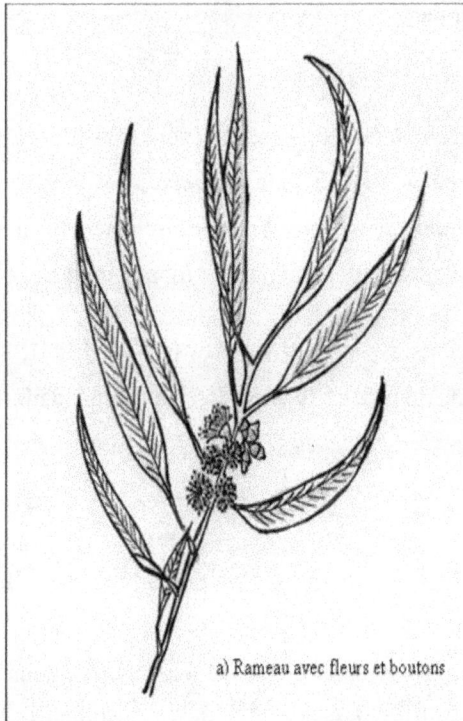

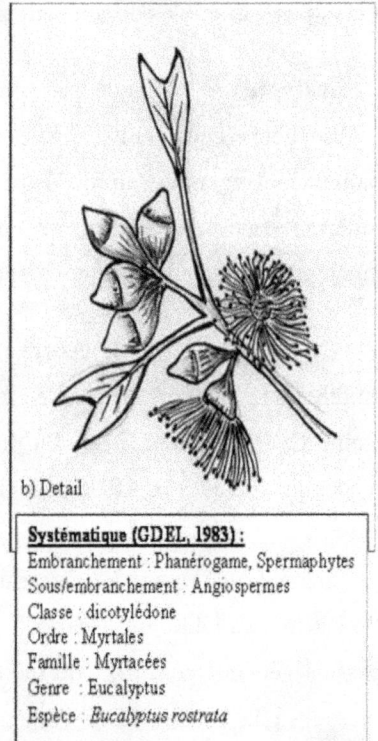

b) Detail

Systématique (GDEL, 1983) :
Embranchement : Phanérogame, Spermaphytes
Sous/embranchement : Angiospermes
Classe : dicotylédone
Ordre : Myrtales
Famille : Myrtacées
Genre : Eucalyptus
Espèce : *Eucalyptus rostrata*

a) Rameau avec fleurs et boutons

Figure 02 : Schéma et systématique de *l'Eucalyptus rostrata* (Boutmedjet)

La principale caractéristique physiologique des Eucalyptus est leur plasticité, laquelle, aussi bien au point de vue du climat qu'à celui du sol, il y'a donc la, une remarquable faculté d'adaptation à des nouvelles conditions d'existence, dont on ne connaît pas exactement les causes. Quoi qu'il en soit, les Eucalyptus de même d'ailleurs que les Acacias d'Australie, ne tarde pas à occuper une place définitive dans la flore des pays où ils ont été introduit, jusqu'à pouvoir même y être comme sub-spontanés.

Introduit en Algérie pour assainir les marécages, les eucalyptus de par leur croissance rapide, leur rendement élevé, leur exploitation aisée, leur plasticité à l'égard du climat ainsi que leur adaptation aux terrains pauvres figuraient toujours parmi les espèces les plus utilisées. Ils ont donné d'excellents résultats dans les étages bioclimatiques subhumides et semi-arides, principalement au-dessous de 800 mètres d'altitude et dans les régions recevant plus de 400 mm de précipitations annuelles (SAHRAOUI et al., 1998).

Il est utile de noter que, du fait de sa vigueur physiologique, de la puissante concurrence de sa racine, l'eucalyptus en massif arrive à dominer, puis à éliminer les autres essences qui lui sont naturellement ou artificiellement associées, c'est qu'en Australie, les acacias sont relégués au rang de sous-bois dans les forêts d'eucalyptus. L'eucalyptus n'admet aucune concurrence dans l'étage dominant et arrive toujours à constituer des peuplements purs. Il ne faut pas dans les reboisements le mélanger à d'autres essences : Pins, Chênes par exemple (BOUDY, 1952).

Pour ce qui est de l'accroissement en volume, il faut encore se reporter aux résultats enregistrés dans des peuplements crées hors Australie, où en Maroc comme en Australie et en Afrique du Sud, des peuplements de 10 ans poussant dans des conditions favorables, renfermant 120 m^3 à l'hectare avec un diamètre de 0,11 soit un accroissement de 12 m^3 par an. Ce rythme d'accroissement dont on ne trouve d'exemples chez aucune autre essence, diminue notablement avec l'âge.

Il convient toutefois de remarquer qu'il s'agit de peuplements favorisés en sol perméable, à couche aquifère peu profonde, sur des terrains secs et superficiels.

Bien que dans leur pays d'origine, on cherche à se débarrasser par le fer et le feu des eucalyptus que, bien imprudemment on trouve trop encombrants. En Algérie, les eucalyptus ont été utilisés récemment dans les reboisements industriels, particulièrement dans la région d'El Kala, pour la production de pâte à papier à courte rotation (10 à 15 ans) (SAHRAOUI et *al.*, 1998).

L'eucalyptus est, par excellence la grande essence internationale de reboisement, on l'a introduit partout avec succès ; en Asie, en Afrique du Nord et du Sud, en Amérique et en Europe. L'essence d'Eucalyptus, extraite des feuilles est surtout utilisée en pharmacie, pour la préparation d'eucalyptol (M.C.F, 1991). Quelques Eucalyptus, sont même adaptés à l'environnement aride en se dotant d'un gros rhizome ligneux souterrain, qui peut produire six tiges, de 3 à 6m de haut. Les années de sécheresse font tomber les branches inférieures, où ils doivent leur survie dans le désert à leurs longues racines (CARLIER, 1992). Parmi les espèces les plus répandues, on citera tout d'abord le globulus, le citriodora et le rostrata (ou camaldulensis), où cette dernière fera objet dans notre expérimentation.

Eucalyptus rostrata (camaldulensis) : cet eucalyptus qui, en Australie, vit dans les fonds de vallée et ne dépasse pas 600 mètres, en altitude, monte au Maroc jusqu'à 1000 mètres et même 1300 mètres. Il atteint 30 à 40 mètres de hauteur dans son pays d'origine et 2,50 à 3 mètres de circonférence, c'est une essence particulièrement plastique, s'adaptant à des conditions écologiques très variées et à tous les sols, à l'exception des sols calcaires. Son bois est dur, très utilisé en Australie, tandis qu'en

Afrique du Nord, où il couvre des superficies très importantes, ce bois n'a pas les mêmes qualités.

Eucalyptus rostrata peut en résumé être employé en terrain relativement profond, non calcaire, aussi bien en étage semi-aride que subhumide. Cette espèce, comme beaucoup d'espèces exsudent une sécrétion brun-rouge lorsque l'écorce est abîmée, cette sécrétion est dite le kino, qui est riche en tanin qui est utilisé dans l'industrie pharmaceutique comme astringent (CARLIER, 1982). *Eucalyptus rostrata* ou *Eucalyptus camaldulensis*, constitue un bon élément de brise vent, qui pousse très vite (4 mètres en 2 ans), mais présente en beaucoup d'endroits des accidents de végétation nombreux, se manifestant par des desséchements brusques. Recépés à 30 cm du sol, ils repartent presque toujours (TOUTAIN, 1979).

Il est utile de noter que l'emploi des eucalyptus sur de grandes surfaces se heurte aux attaques massives du *phoracantha semi-puncata* (coléoptère). Par ailleurs en reproche aux eucalyptus de ne pas constituer rapidement de sol forestier et de ne pas être une espèce améliorante, où il faudrait donc introduire dans les peuplements d'eucalyptus des espèces améliorantes en sous étage, telles que les acacias afin de rétablir l'équilibre sol / végétation (SAHRAOUI et *al.*, 1998).

2.2. Acacia

Après les eucalyptus, les acacias australiens peuvent être considérés comme les essences étrangères introduites dont l'extension est la plus considérable en Afrique du Nord. A titre ornemental, on trouve les acacias sous le nom de Mimosa dans tout le Midi Méditerranéen, en Espagne, Italie, etc.…

Cet important genre, qui comprend plus de 500 espèces dans les régions tropicales et subtropicales entre 30°N et 35°S, surtout en Afrique et en Australie, il compte une dizaine d'espèces dans le Sahara méridional ; quatre seulement atteignent le Sahara central et une seulement (*A.raddiana*) le Sahara septentrional, où ces acacias sahariens vivent surtout dans les dépressions et les lits d'oueds (OZENDA, 1983).

Dans le continent australien, ils ne sont, que des essences subordonnées, aux médiocres dimensions (6 à 7 mètres), constituant les sous-bois des forêts d'Eucalyptus. Les Acacias australiens, acquièrent en dehors de leur aire naturelle, des accroissements, des dimensions, et par suite des rendements beaucoup plus élèves qu'en Australie où d'ailleurs ils sont très peu exploités.

Ces Acacias se régénèrent facilement par semis, même hors Australie, la plupart rejettent bien de souche, sauf l'*Acacia decurrens*. Ils n'ont pas d'exigences particulières au point de vue des sols, sauf l'*Acacia mollissima* qui ne rejette pas sur calcaire, certain comme l'*Acacia cyanophylla* qui est utilisé pour notre expérimentation, sont particulièrement rustiques et poussent sur des sols calcaires très secs.

En Australie, les espèces d'Acacia sont fort nombreuses, mais seulement un nombre restreint à été propagé en dehors, surtout en vue de la production du tanin. Parmi celles introduites dans les jardins, à titre ornemental, en Afrique du Nord, nous citerons l'*Acacia floribunda*, cultivé pour ses fleurs, puis l'*Acacia longifolia*, *Acacia dealbata*, citons aussi l'*Acacia horrida* du cap, aux longues épines blanches avec lequel on fait des haies.

Les acacias australiens ont été introduits depuis longtemps en Algérie, où on a fait appel, sur des surfaces réduites à l'*acacia pyenantha*, *A.melanoxylon*, *A.cyclopis* et l'acacia *cyanophylla* qui est de plus en plus utilisé dans les reboisements de terrains dénudés et secs.

Solon BOUDY (1952), *Acacia cyanophylla Lindl* est un arbuste fourrager à port étalé, ayant une hauteur moyenne de 4 à 5 m et pouvant atteindre 7 à 8 m sur sols profonds. La tige est généralement très ramifiée. L'écorce de l'acacia est lisse, de couleur grise verdâtre, tachée de gris dans le jeune âge, s'assombrissant et se fissurant longitudinalement sur des troncs atteignant 20 à 30 cm de diamètre. L'enracinement de cette légumineuse est très puissant tant en surface qu'en profondeur. La partie superficielle présente une importante nodosité fixatrice d'azote. Les fleurs sont de couleurs jaunes (Figure 3), groupées en un nombre variant de 3 à 8 fleurs situées sur de courts rameaux auxiliaires (EL EUCH, 1997).

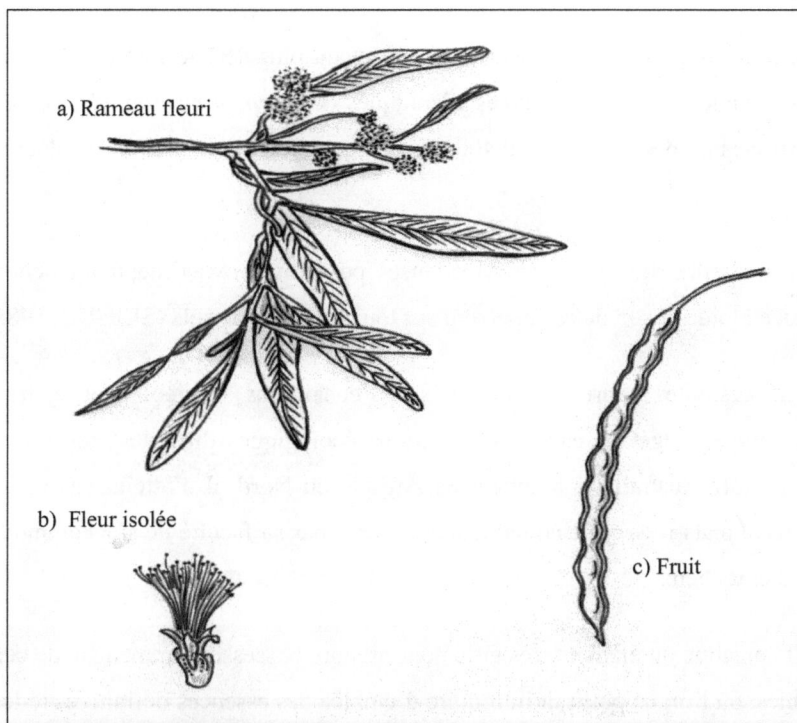

a) Rameau fleuri

b) Fleur isolée

c) Fruit

Systématique (GDEL, 1983):
Embranchement :Spermaphytes.Sous/embranchement :   Angiospermes.
Classe : Dicotylédones. Ordre : Rosales. Famille : Légumineuses. S./
Famille : Mimosacées. Genre : Acacia. Espèce : *Acacia cyanophylla*

Figure 03 : Schéma et systématique de l'*Acacia cyanophylla*

Le fruit est une samare à graine exalbuminée, il est enfermé dans les deux bractéoles accrescentes et dures ne s'entrouvrant que par la sécheresse. Le chaton a alors l'aspect d'un petit cône (OZENDA et al., 1963).

Sur terrains sableux profonds et dans les dunes littorales, l'*Acacia cyanophylla* présente une longévité pouvant atteindre 25 à 30 ans, toutefois, dans des conditions plus sèches, sa durée de vie ne dépasse pas 10 ans (LE FLOC'H IN EL EUCH, 1997)

Cet arbuste préfère les sols sableux recevant plus de 250 mm de pluviométrie moyenne annuelle, où les exigences édaphiques de l'*Acacia cyanophylla* deviennent moins strictes au-dessus de 350 à 400 mm. Il montre aussi une certaine tolérance au sel.

Il présente des qualités avantageuses pour toute expérimentation, citons sa croissance rapide et son développement sur tous les types de sols (SEIGUE, 1985).

En Australie, il forme le sous-bois de l'eucalyptus. Drageonne et rejette bien, très rustique et végétant dans les conditions écologiques difficiles, sur sol sec et artificiel. Hors Australie notamment en Afrique du Nord, il n'atteint pas une taille plus élevée, mais il est particulièrement précieux par sa faculté de s'accommoder de sols secs et rocheux.

Il constitue un élément très utile pour prendre possession immédiate de certains sols ruinés, où l'on ne pourrait introduire d'emblée des essences définitives telles que le pin. C'est donc une excellente essence de transition, il pousse très bien dans les dunes d'Essaouira (Mogador) au Maroc (BOUDY, 1952).

SEIGUE (1985), cite plusieurs intérêts de cette espèce, tel que l'utilisation de son feuillage sec ou humique comme aliment de bétail (ovins et caprins), les graines servent aussi à l'alimentation du bétail et de la volaille.

L'écorce est récupérée pour la tannerie, le bois dont la production varie de 1,5 à 10m³/ha/an, suivant les stations, est utilisé aussi comme combustible pour le chauffage, comme piquet de clôture et de vigne (IGOUD, 1991).

Cette espèce peut constituer de bon brise vent à condition d'être irrigué convenablement avec des eaux titrant moins de 4g de sel/l (TOUTAIN, 1979). Actuellement au Sud Algérien on utilise l'acacia surtout pour la fixation des dunes.

2.3. Casuarina

Les casuarinas sont des arbres toujours verts, à croissance rapide, qui de loin ressemblent à des pins, ce genre est originaire d'Australie et des régions tropicales et subtropicales. L'origine du nom casuarina parait être attribuée à l'allure générale des rameaux de cet arbre, dont la silhouette rappelle celle des plumes d'un oiseau australien nommé Casoar.

Les casuarinas sont uniquement composés de rameaux « grêles », ils semblent au premier abord dépourvus totalement de feuillage, et ce, tant sur les arbres que sur les arbustes.

Les casuarinas sont du type extrêmement primitif, on les classe qu'avec hésitations parmi les angiospermes à cause de leur mode de fécondation et de fructification (G.D.E.L, 1983).

SWANY (1948 in TORREY, 1983), a noté que, *casuarina equisetifolia*, pouvait être aussi bien monoïque que dioïque, où le fruit du casuarina (Figure 4) est un akène caché par deux bractées lignifiées cohérentes en une sorte de cupule bivalve. Dans son aire d'origine, le système souterrain du casuarina, plus ou moins âgé présente toujours des nodosités ou nodule fixateurs d'azote atmosphérique.

Le genre casuarina comprend 90 espèces, variant d'arbustes nains (*casuarina nana*) jusqu'aux de plus de 35 mètres de hauteur (TORREY et RACETTE, 1989).

Les plus répandus sont, d'après (BOND et WHEELER, 1980) *casuarina equisetifolia*, *casuarina obesa*, *casuarina glanca*, *casuarina cristata* et *casuarina rigida*.

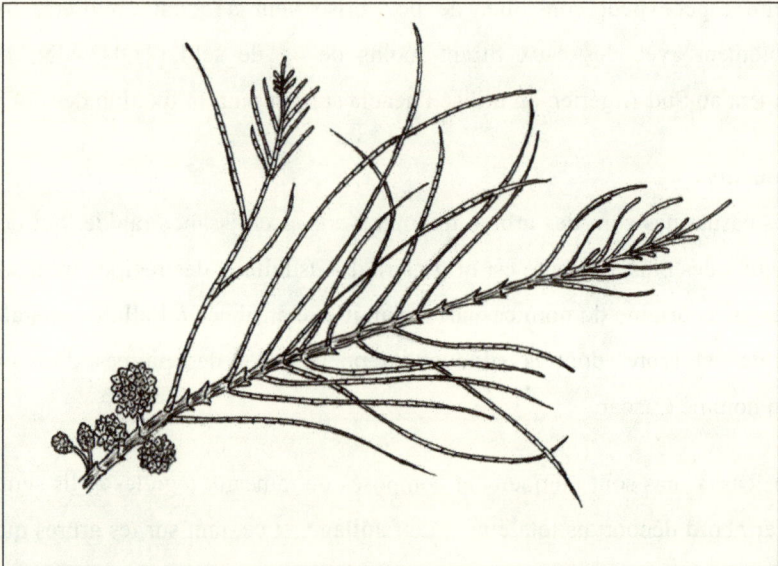

Systématique (GDEL, 1983) :
Embranchement :spermaphytes.S/Embranchement :Angiosperme.Classe : Dicotylédones. S/Classe : Archichlamydées. Ordre : Casuarinales. Famille : Casuarinacées. Genre : Casuarina. Espèce : *Casuarina equisetifolia*

Figure 04 : Schéma et systématique du *Casuarina equisetifolia*

Vu que c'est une espèce venant des régions plus ou moins chaudes, le casuarina préfère pour sa bonne croissance, une température de 25°c et plus (REDDELL et *al*, 1985). La majorité des espèces du casuarina ont la capacité de minimiser la transpiration et cela pour une bonne adaptabilité à la sécheresse (COYNE, 1973).

(ELLAKANY, 1983) a démontré que certaines espèces du casuarina, notamment le *casuarina equisetifolia* étaient bien tolérantes au sel, où elle est classée dans le groupe de forte tolérance au Nacl (plus de 550 mmole/dm^3 de Nacl), c'est pour cela que l'utilisation du casuarina sur des terrains salés est fort conseillée et donne aussitôt des résultats très satisfaisants. Un pH de 6 à 7 parait être favorable pour la croissance des plantules des espèces du casuarina (COYNE, 1973).

L'espèce *casuarina equisetifolia*, est intéressante par la quantité de bois de chauffage qu'il produit rapidement, qui a la réputation d'être le meilleur bois de chauffage au monde, ainsi qu'un bois de construction, aussi utilisé comme brise vents et stabilisateur des dunes (ISOBEL, 1985). Cette espèce pousse vite où elle atteint plus de 2 mètres en 2 ans (TOUTAIN, 1979).

CHAPITRE 3 : ESSAI EXPERIMENTAL

3.1. Présentation de la région d'étude

3.1.1. Situation géographique (voir carte annexe 1)

Ouargla l'une des oasis du Sahara Algérien. Située au Sud Est du pays, au fond d'une large cuvette de la vallée d'Oued M'ya, à environ 800 Km d'Alger. La ville de Ouargla chef-lieu de la wilaya est située à une altitude de 157 m, ces coordonnées géographiques sont 31°58' latitude Nord, 5°20' longitude Est (OZENDA, 1983).

La wilaya de Ouargla, couvre une superficie de 163233 Km^2 et demeure une des collectivités administratives les plus étendues du pays. Elle est limitée :

- Au Nord par les wilayates de Djelfa et d'El Oued.
- A l'Est par la Tunisie.
- Au Sud par la wilayates d'Illizi et de Tamanrasset.
- A l'Ouest par la wilaya de Ghardaïa.

3.1.2. Le climat

La connaissance des caractéristiques climatiques est un impératif pour permettre une meilleure évaluation des besoins en eau des différentes cultures, ainsi qu'une détermination des facteurs qui ont un effet néfaste sur la production et le rendement (BNEDER, 1992).

Le climat de Ouargla est particulièrement contrasté malgré la latitude relativement septentrionale (ROUVILLOIS-BRIGOL, 1975). La présente caractérisation est faite à partir d'une synthèse climatique de 20 ans entre 1982 et 2002, à partir des données de l'Office National de météorologie (O.N.M, 2003) (Tableau 6).

44

Tableau 6 : Données météorologiques de la wilaya de Ouargla (1982-2002) (O.N.M, 2003)

Paramètres Mois	H. (%)	T. (°c)	P. (mm)	I. (h)	V.V (m/s)	E. (mm)
Janvier	62,60	11,05	3,40	230,70	3,05	81,88
Février	52,10	13,65	1,75	217,22	3,42	105,24
Mars	46,97	17,15	7,85	246,32	3,95	130,13
Avril	38,32	21,08	1,52	257,02	4,78	184,30
Mai	34,03	26,22	0,55	282,98	4,90	211,06
Juin	29,61	32,00	0,70	303,00	5,10	252,69
Juillet	25,32	34,85	0,25	342,96	4,40	274,30
Août	26,91	34,26	0,12	320,16	4,03	287,76
Septembre	35,17	30,02	5,15	259,45	4,01	223,85
Octobre	50,12	23,70	4,80	250,54	3,64	159,40
Novembre	59,05	16,12	9,96	224,13	2,95	97,75
Décembre	64,25	12,00	2,80	257,20	3,00	83,45
Moyenne annuelle	43,70	21,67	38,85*	3191,68*	3,93	2091,81*

H : humidité relative ;   T : Température ;   P : Pluviométrie ;   I : Insolation.

V.V : Vitesse de vent ;   E : Evaporation ;   * : Cumule annuel.

3.1.2.1. Les températures

La température moyenne annuelle est de 21,67°c, la température la plus élevée est notée au mois le plus chaud juillet avec 34,85°c, la température la plus basse du mois le plus froid janvier, est de 11,05°c.

3.1.2.2. Les précipitations

La pluviométrie est très réduite et irrégulière à travers les saisons et les années, leur répartition est marquée par une sécheresse presque absolue du mois de mai jusqu'au mois d'août, par un maximum en novembre avec 9,96 mm. Les précipitations moyennes annuelles sont de l'ordre de 38, 85 mm.

3.1.2.3. Les vents

Les vents de sable sont fréquents, surtout en mois de mars et de mai constituant ainsi un handicap pour l'activité socio-économique notamment la mise en valeur des terres (BNEDER, 1992).

Dans la région de Ouargla les vents soufflent du Nord-Est et du Sud, les vents les plus fréquents en hiver sont les vents d'Ouest, tandis qu'au printemps les vents du Nord-Est et de l'Ouest dominent, en été ils soufflent du Nord-Est et en automne du Nord-Est et Sud-Ouest (DUBIEF, 1963).

D'après les données de l'O.N.M (2003), les vents sont fréquents sur toute l'année avec une vitesse moyenne annuelle de 3,93 m/s et une vitesse maximale de 5,10 m/s.

3.1.2.4. L'humidité relative de l'air

Le taux d'humidité relative varie d'une saison à l'autre, mais il reste toujours faible, où il atteint son maximum au mois de décembre avec un taux de 64,25%, et une valeur minimal au mois de juillet avec un taux de 25,32% et une moyenne annuelle de 43,70%.

3.1.2.5. L'évaporation

La région connaît une évaporation très intense renforcée par les vents chauds, elle est de l'ordre de 2091,81 mm/an, avec une valeur maximale de 287,76 mm au mois d'août et une minimale de 81,88 mm au mois de janvier.

3.1.2.6. L'insolation

Selon ROUVILLOIS-BRIGOL (1975), 138 jours de l'année présentent un ciel totalement clair et dégagé.

La durée moyenne de l'insolation est de 265,97 heures/mois, avec un maximum de 342,96 heures en juillet et un minimum de 217,22 heures en février, la durée d'insolation moyenne annuelle durant la période étudié est de 3191,68 h/an, soit environ 9 heures/jours.

3.1.2.7. Classification du climat

3.1.2.7.1. Diagramme ombrothermique de GAUSSEN

Le diagramme ombrothermique de BAGNOULS et GAUSSEN (1953), permet de suivre les variations saisonnières de la réserve hydrique. Il est représenté :

    - en abscisse par les mois de l'année.

    - en ordonnées à gauche par les précipitations en mm.

    - en ordonnées à droite par les températures moyennes en °C.

    - une échelle de P=2T.

L'air compris entre les deux courbes représente la période sèche. Dans la région d'Ouargla nous remarquons que cette période s'étale sur toute l'année (Figure 05)

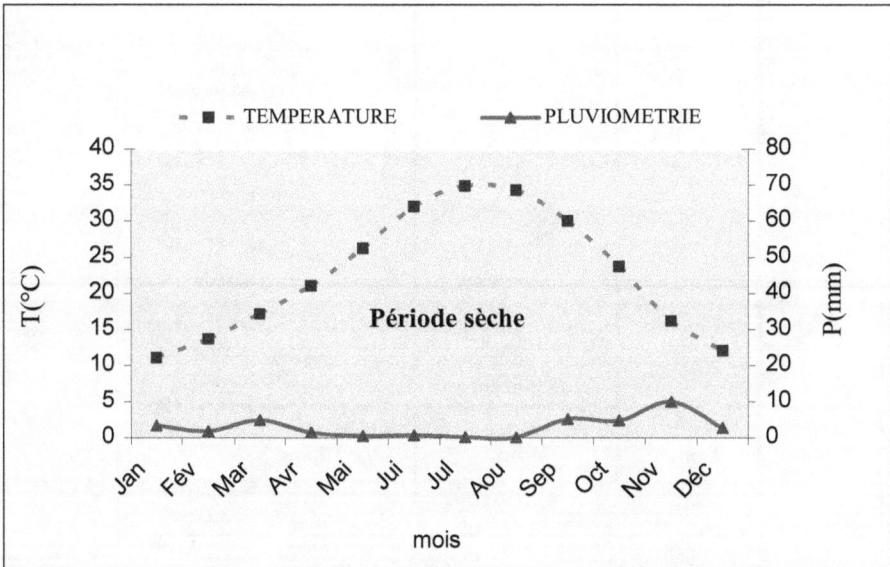

Figure 05 : Diagramme ombrothermique de la région de Ouargla (1982-2002).

3.1.2.7.2. Climagramme d'EMBERGER

Il permet de connaître l'étage bioclimatique de la région d'étude. Il est représenté :

-en abscisse par la moyenne des minima du mois le plus froid.

-en ordonnées par le quotient pluviométrique (Q2) d'EMBERGER (1933) (LE HOUEROU, 1995).

Nous avons utilisé la formule de STEWART (1969) (LE HOUEROU, 1995) adapté pour l'Algérie, qui se présente comme suit :

Q2 : quotient pluviométrique d'EMBERGER.

$$Q2 = 3,43 \, P/M\text{-}m$$

P : pluviométrie moyenne annuelle en mm.

M : moyenne des maxima du mois le plus chaud en °C.

m : moyenne des minima du mois le plus froid en °C.

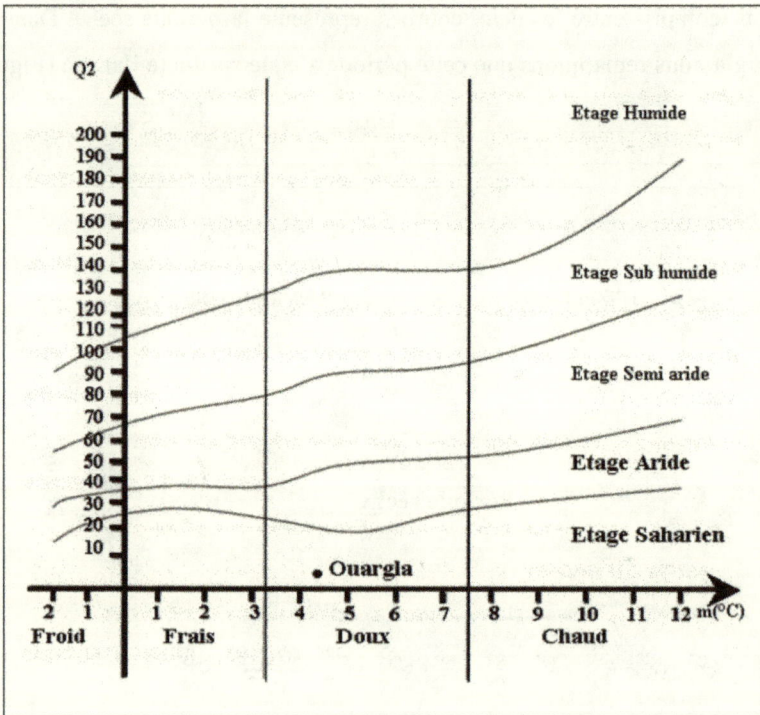

Figure 06 : Etage bioclimatique de la région de Ouargla selon le climagramme d'EMBERGER

48

D'après la figure (N°06), Ouargla se situe dans l'étage bioclimatique Saharien à hiver doux et son quotient thermique (Q2) est de 4,15.

3.1.3. Le Milieu physique

3.1.3.1. Le relief

Selon MALLAOUI (2000), le relief est un ensemble de composants géographiques, dont les principaux sont les suivants :

- Le grand Erg oriental, occupe les 2/3 de la wilaya de Ouargla.

- La Hamada : plateau caillouteux, situé en grande partie à l'Ouest et au Sud.

- Les plaines : assez réduite s'étendent du Nord au Sud.

- Les vallées : dont la vallée fossile de Oued M'ya et la vallée de Oued Righ.

- Les dépressions : peu nombreuses, essentiellement dans l'Oued Righ.

3.1.3.2. La géologie

Ouargla est située dans une région très peu accidentée, stable tectoniquement, on distingue trois régions :

- Le grand Erg occidental, vaste dépôt de sable éolien à l'Est et au Sud.

- Les vallées au centre où prédominent les dépôts d'alluvions.

- Le plateau du M'Zab à l'Ouest.

3.1.3.3. Les sols

Au Sahara, la couverture pédologique présente une grande hétérogénéité et se compose des classes suivantes : sols minéraux bruts, sols peu évolués, sols halomorphes et sols hydromorphes (DUTIL, 1971). La fraction minérale est constituée dans sa quasi-totalité de sable. La fraction organique est très faible (inférieur à 1 %) et ne permet pas une bonne agrégation. Ses sols squelettiques sont très peu fertiles car leur rétention en eau est très faible, environ 8 % en volume d'eau disponible, plus d'autres facteurs qui interviennent dans ce phénomène (DAOUD et HALITIM, 1994).

La région de Ouargla est caractérisée par des sols légers à prédominance sableuse et à structure particulière. Ils sont caractérisés par un faible taux de matière organique, un pH alcalin, une activité biologique faible et une forte salinité.

D'après les cartes géologiques de l'Algérie, il est constaté que la région de Ouargla est constituée géologiquement par des formations sédimentaires qui occupent les dépressions de la région :

- Dunes récentes : ce sont des dépôts sableux qui ont été déposés dans la vallée de Ouargla, où on les rencontre uniquement au Nord-Est et au Sud-Est près du lit de Oued M'ya.

- Poudingues calcaires : ce sont des formations importantes de plus de 250m, elles reposent sur des schistes. Leurs parties supérieures passent à des grés riches en fossiles.

- Alluvions actuels (lacs et chotts) : ce sont des formations récentes, qui occupent les dépressions de la vallée de Ouargla (partie Nord).

- Alluvions regs : ce sont des formations caillouteuses, où le pourcentage de cailloux est dominant, ces formations occupent la partie Nord-Ouest et Sud-Ouest.

3.1.3.4. L'hydrogéologie

L'eau souterraine constitue la principale source d'eau dans la région de Ouargla, on distingue :

3.1.3.4.1. La nappe phréatique

Nappe dite libre, cette nappe est continue dans les sables alluviaux de la vallée, elle se localise principalement dans la vallée de Oued Righ et la cuvette de Ouargla. Cette nappe et selon ROUVILLOIS-BRIGOL (1975) s'écoule du Sud vers le Nord suivant la pente de la vallée, sa profondeur varie de 1 à 8m en fonction du lieu et de la saison.

Les analyses des eaux de la nappe phréatique montrent qu'elles sont très salées, avec une conductivité électrique de l'ordre de 5 à 10 dS/m et parfois dépasse les 20 dS/m (A.N.R.H, 1999).

3.1.3.4.2. La nappe du complexe terminal

Elle est composée de 02 nappes:

a) La nappe du Miopliocène : dite nappe de sable, elle fut à l'origine des palmeraies irriguées, elle s'écoule du Sud Sud-Ouest vers le Nord Nord-Est, en direction du chott Mélghir. La salinité de cette nappe varie de 1,8 à 4,6 g/l.

b) La nappe sénonien : elle est peu exploitée vu son faible débit, sa profondeur d'exploitation varie entre 140 à 200 m (ROUVILLOIS-BRIGOL, 1975)

3.1.3.4.3. Le continental intercalaire (nappe albienne)

Elle est située entre 1000 et 1500 m. La wilaya de Ouargla recèle d'importantes potentialités en eau souterraines estimées à 2381,5 Hm^3/an, dont principalement la région de Gassi-Touil avec une potentialité de 720 Hm^3/an et la région de Ouargla avec 679 Hm^3/an suivie de Hassi-Messaoud et Oued Righ Sud (A.N.R.H, 1999).

L'eau de la nappe albienne est caractérisée par une température élevée de l'ordre de 50°c à la surface.

3.1.3.5. La flore

D'après OZENDA (1983), les végétaux sont répartis en fonction de la nature et la structure des sols, où on retrouve :

- Dans les lits des Oueds, les vallées et les alentours des gueltas une végétation à Acacia.

- Dans le grand Erg oriental principalement le « *Drinn* » et « *Aristida pungens* » accompagnés parfois d'une végétation arbustives « *Rétama rétam* », « *Eephedra* », « *Genista saharae* » et « *Caliganum azel* ».

- Dans les Hamadas « *Fagonia glutinosa* » et « *Fredolia arestoides* ».

- Dans les oasis et des zones cultivées une végétation naturelle abondante.

3.1.3.6. Site expérimental

Notre expérimentation a eu lieu au niveau de l'exploitation de l'ex Institut d'Agronomie Saharienne (ITAS) de l'Université de Ouargla.

L'exploitation est située à 06 Km au Sud-Ouest du centre-ville de Ouargla. S'étend sur une superficie de 32 hectares, répartis en 08 secteurs notés A, B, C, D, E, F, G et H, dont chacun couvre une superficie de 3,6 ha, le reste de la surface est occupé par les pistes et les drains. Les secteurs A, B, C et D couvrant une superficie de 14,4 hectares sont cultivés en palmier dattier avec un effectif de 1296 pieds, l'écartement entre pieds est de 9x 9m. Les secteurs E, F, G et H couvrant la même superficie, mais ils ne sont pas cultivés.

L'irrigation se fait par submersion, à partir de deux forages de complexe terminal l'un Sénonien crée en 1959 avec une profondeur de 188,8m et un débit de 30 l/s et l'autre Miopliocène crée en 1986 avec une profondeur de 64m et un débit de 20 l/s. Le réseau de drainage est constitué de drains à ciel ouvert, défectueux de nos jours.

3.2. Méthodologie
3.2.1. Protocole expérimental
3.2.1.1. Dispositif expérimental

Pour notre expérimentation nous avons opté pour un essai en split splot (parcelles subdivisées) (Figure N°07), qui est employé pour des essais multifactoriels. Les parcelles du facteur principal sont subdivisées par celle du facteur secondaire, comme telle est le cas pour notre essai, où nous avons deux facteurs (dose et essence).

Il s'agit d'un dispositif en blocs aléatoire complet, où chaque bloc est divisé en autant de sous-blocs ou parcelles principales qu'il y'a de variantes d'un premier facteur. Chaque parcelle principale est ensuite subdivisée en autant de sous-parcelles que de variantes d'un second facteur (VILAIN, 1999). Le deuxième facteur est souvent qualifié de subsidiaire, le terme ne signifie nullement qu'il est accessoire, chose qui sera étudié plus loin.

Donc, nous avons dans notre expérimentation deux facteurs, le premier porte sur les essences forestières et le second sur les doses de boue résiduaire.

Les parcelles principales (sous-bloc) sont consacrées aux essences à savoir :

Eucalyptus rostrata (camaldulensis).

Acacia cyanophylla Lindl.

Casuarina equisetifolia

Tandis que les sous parcelles portent sur les doses de boue. Ces dernières sont des doses différentes de boue d'épuration séchée et broyée jusqu'à en avoir des particules < à 2 mm, ceci juste après leur arrivée de la station d'épuration de Gassi-Touil. En réalité on s'intéresse à la dose de la matière organique, sachant que le taux de matière organique dans cette boue est de 40 %, donc les doses de boue (par rapport au volume) dans chaque pot et après calcules sont comme suit :

Dose 0 : témoin, sol sans apport de boue (M.O).
Dose 1 : 1 % de matière organique ce qui correspond à 125 gr de boue sèche.
Dose 2 : 3 % de matière organique ce qui correspond à 375 gr de boue sèche.
Dose 3 : 6 % de matière organique ce qui correspond à 750 gr de boue sèche.

Selon GRENIER (1989), il faut tenir compte du fait que les éléments fertilisants, que la boue contient, ne sont pas immédiatement disponibles pour les plants. Serait-il de même pour notre essai sur sol sableux très pauvre, pendant une période de 06 mois d'expérimentation ?

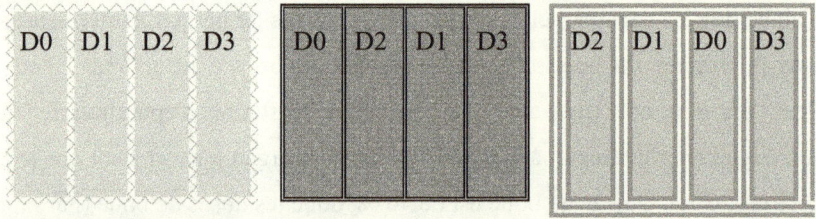

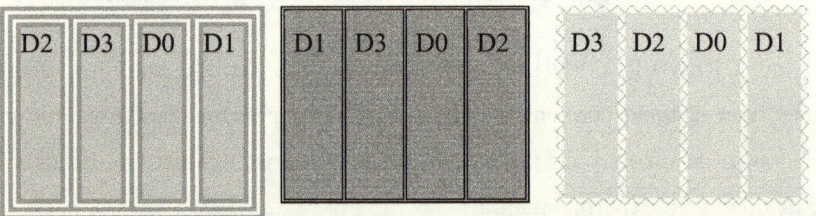

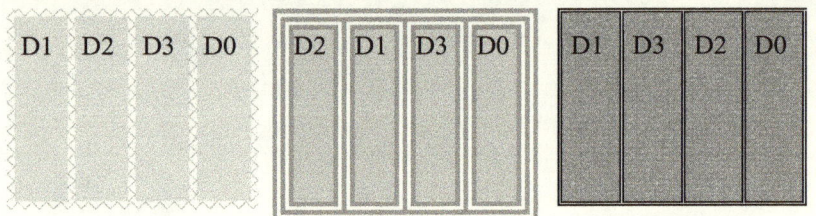

D0	D1	D2	D3	D0	D2	D1	D3	D2	D1	D0	D3

| D3 | D0 | D1 | D2 | D3 | D0 | D2 | D1 | D0 | D3 | D1 | D2 |

| D2 | D3 | D0 | D1 | D1 | D3 | D0 | D2 | D3 | D2 | D0 | D1 |

| D1 | D2 | D3 | D0 | D2 | D1 | D3 | D0 | D1 | D3 | D2 | D0 |

Casuarina   D : Dose

Acacia

Eucalyptus

Figure 07 : Dispositif expérimental (split-plot)

54

3.2.1.2. La plantation

Cette opération a été réalisée sur des plants de 06 mois le 23 et 24 novembre 2002, après l'apport de ces derniers de la pépinière. La mise **en place des plants** fut réalisée suivant le dispositif expérimental adopté. Chaque motte de plant fut débarrassée du sachet et mise dans un pot remplie préalablement au 1/3 par le mélange ou par du sable (témoin) tamisé < 2mm et ceci à l'état sec, la fermeture des pots par les mélanges a été suivie par un léger tassement, sachant que ces pots contiennent 5 Kg de terre, avec une densité apparente de 1,42. Il est utile de préciser, que les mélanges furent préparés dans des grands bacs avant de les mettre dans les pots.

Notre essai fut réalisé sur des pots vus les avantages qu'ils offrent :
- Facilité de leur manipulation.
- Élimine toute possibilité de concurrence entre les plants et de perte d'éléments.
- Contrôler et unifier les conditions de travail (qualité du sol, dose d'irrigation, etc...).
- Bon contrôle sur les mauvaises herbes.
- Possibilité d'interpréter les résultats d'analyse végétale, à partir des composantes du sol déjà connus et contrôler.

Il est utile de noter que l'expérimentation a été faite sous serre, vu la saison et vues les avantages qu'elles offrent, où dès les premières semaines du printemps on a procédé à l'ouverture de la serre mais d'une façon prudente afin d'éviter tout risques (changement brusque des facteurs climatiques, stress, etc...).

3.2.1.3. L'irrigation

La fréquence de l'irrigation été de trois fois par semaine durant les trois premiers mois, alors que durant le reste de l'expérimentation (03 mois) elle a été quotidienne vu l'élévation des températures. Les caractéristiques de l'eau utilisée pour l'irrigation, sont présentées dans le (Tableau 7)

Tableau 7 : caractéristiques physico-chimiques de l'eau d'irrigation

Cations (mg/l)				Anions (mg/l)			
Ca^{++}	Mg^{++}	Na^+	K^+	Cl^-	SO_4^-	HCO_3^{--}	NO_3^-
90	240	300	20	700	800	105	10
Résidu sec (mg/l)		CE dS/m		pH		SAR	classe
2,39		3,13		7,38		3,92	C_4S_1

L'eau utilisée pour notre irrigation et selon la classification de DURAND (1983), est de qualité médiocre à mauvaise, qui est inutilisable normalement pour l'irrigation, exception faite pour les sols très perméables et pour des plantes très tolérantes aux sels. Cette eau présente peu de danger d'alcalinisation.

3.2.1.4. Le désherbage

Après un certain temps, nous avons noté l'apparition de mauvaises herbes, mais vu que notre expérimentation s'est déroulée dans des pots, l'opération de désherbage été facile et surtout contrôler, chose qui a éliminé tout risques de concurrence avec les plants, ceci est l'un des avantages de l'essai en pots.

Photo 4: sable et boue (Originale)

Casuarina   Acacia   Eucalyptus

Photo 5: vue générale sur notre dispositif (Originale)

3.2.2. Mesures et prélèvements effectués

3.2.2.1. Mesures de la hauteur

Les mesures ont été effectuées chaque mois et ceci durant la période d'expérimentation. La première mesure est faite le 25/11/2002, c'est à dire juste après la plantation et la dernière le 25/05/2003 (fin de l'expérimentation).

La mesure au niveau de chaque plant, a été effectuée à partir du collet jusqu'à l'apex ou bourgeon terminal.

3.2.2.2. Prélèvement des échantillons du sol

Après 06 mois d'expérimentation (23/mai/2003), les échantillons sont prélevés à raison de 10 carottes par traitement. Ces dernières sont mélangées dans le but d'avoir un échantillon homogène et représentatif lors des analyses a effectuées.

Les échantillons sont mis dans des sacs en papier kraft, numéroté suivant le traitement et l'essence.

3.2.2.3. Prélèvement des échantillons de boue

Nous avons réalisé un prélèvement pour la boue résiduaire, et ceci juste après l'avoir ramenée de la station d'épuration de Gassi-Touil.

Ce prélèvement concerne la boue sèche qui fut utilisée dans notre expérimentation, sachant que cette boue été humide avant qu'elle soit exposée au soleil afin de la séchée et surtout pour éliminer une grande partie des pathogènes.

3.2.2.4. Prélèvement des échantillons foliaires

Les prélèvements ont été effectués à la fin de l'expérimentation (23/05/2003) pour les trois essences, où nous nous sommes contentés de faire des comparaisons avec le témoin (sol sans boue) pour chaque essence.

Les prélèvements ont été effectués sur toutes les parcelles. Nous avons été très prudents lors de cette opération afin que notre échantillonnage soit représentatif, pour cela nous avons choisi surtout des jeunes feuilles afin d'avoir plus de précision et ceci on éliminant toute feuille non saine.

Sitôt prélevé, il été impérieux de mettre les échantillons, avec leur étiquette dans des sachets en papier.

3.2.3. Méthodes d'analyses
3.2.3.1. Analyses du sol

Après prélèvement chaque échantillon fut séché à l'air et tamisé <2 mm, ensuite on a procédé aux analyses suivantes :

a) pH eau : Mesuré au pH mètre à électrode en verre, avec un rapport sol / eau (1/2,5).

b) conductivité électrique : Déterminée à l'aide d'un conductimètre à 25°C, avec un rapport sol / eau au 1/5.

c) Carbone organique (C.O) : Par la méthode ANNE, qui consiste à oxyder le carbone organique par du bichromate de potassium avec excès en milieu sulfurique, la quantité réduite est en principe proportionnelle à la teneur en carbone organique. L'excès de bichromate de potassium est titré par une solution de sel de MOHR, en présence de diphénylamine dont la couleur passe du bleu foncé au bleu vert (AUBERT, 1978).

Le taux de matière organique est obtenu par la formule suivante :

> **Matière organique % = % C.O x 1,72**

d) Azote total (N) : Selon la méthode de KJELDHAL, l'azote des composés organiques est transformé en azote ammoniacal ; sous l'action de l'acide sulfurique concentré porté à ébullition, se comporte comme oxydant. Les substances organiques sont décomposées : le carbone se dégage sous forme de gaz carbonique, l'hydrogène donne de l'eau et l'azote est transformé en azote ammoniacal. Ce dernier est fixé immédiatement par l'acide sulfurique sous forme de sulfate d'ammonium.   Pour accroître l'action oxydante de l'acide sulfurique, on élève sa température d'ébullition en ajoutant du sulfate de cuivre et du sulfate de potassium ; qui jouent le rôle de catalyseurs. La matière organique totalement oxydée, la solution contenant le sulfate d'ammonium est récupérée. On procède ainsi au dosage de l'azote ammoniacal par distillation, après l'avoir déplacé de sa combinaison par une solution de soude en excès.

e) Phosphore total : le mode opératoire se décompose en quatre opérations
- Extraction de P par l'acide nitrique concentré à chaud.
- Précipitation du P à l'état de phospho-molybdate d'ammonium.
- Dissolution de ce précipité dans un excès de soude.
- Titrage de l'excès de soude par l'acide sulfurique.

f) Dosages de Ca^{++}, Mg^{++}, Na^+ et K^+ soluble: Effectués sur l'extrait 1/5 du sol par spectrophotométrie à absorption atomique.

Les analyses sont réalisées au niveau du laboratoire du département des sciences agronomiques et celui du département d'hydraulique et au centre de recherche et développement Sonatrach de Boumèrdes et de Hassi-Messaoud (C.R.D)

3.2.3.2. Analyses de la boue

La boue de la STEP de Gassi-Touil, a subi les mêmes analyses que celles du sol, sauf pour la matière organique, où nous avons opté pour la méthode citée par DEGREMONT (1989 a), qui concerne les boues de la classe organo-hydrophile. De ce fait nous avons fait passer notre échantillon de boue dans un four à 550-600°c afin de déterminer la teneur en matières volatiles, souvent proche de la teneur en matières organiques.

3.2.3.3. Analyse du végétal

Les résultats d'analyse d'un végétal doivent être examinés en tenant compte d'un certain nombre de facteurs influant sa composition, les uns sont propres à la plante elle-même et d'autres à son environnement. Sur un même arbre, les concentrations foliaires vont varier selon l'âge des feuilles (résineux), selon la position des feuilles dans la couronne et selon l'éclairement.

3.2.3.3.1. Traitement des échantillons

Pour l'analyse de tout échantillon, nous avons évité la pollution par les poussières et d'autres substances ainsi que le prélèvement des feuilles présentant des traces d'attaques parasitaires.

Chaque échantillon est lavé abondamment à l'eau et bien rincée avec de l'eau distillée afin de le débarrasser des impuretés qui pourraient fausser l'analyse.

Les feuilles sont ensuite essorées doucement (tampon de coton) et placées à l'étuve, où MARTIN et al (1984) recommandent de ne pas dépasser une température de 65°C.

Après séchage, on prélève un aliquot d'un échantillon donné de façon homogène, broyé à la sortie de l'étuve à l'aide d'un mixeur, ce dernier nettoyé après chaque broyage d'échantillon. La poudre obtenue doit être placée dans l'étuve à 105°C pendant 06 heures, puis refroidie à la sortie dans un dessiccateur.

3.2.3.3.2. Détermination de la matière volatile

Après séchage à l'étuve, on procède à une calcination au four à 600°c pendant 04 heures. La détermination de la matière volatile est considérée comme une évaluation grossière de la matière organique totale.

> % matière organique = 100 - % cendres

3.2.3.3.3. Dosage des éléments

a) Dosage de l'azote : Par la méthode de Kjeldahl, sur la poudre végétale.

b) Minéralisation : Méthode de mise en solution d'éléments minéraux contenus dans un matériel végétal. Selon la méthode de DI BENDETTO (1997) (Annexe 1), qui procède soit par minéralisation simple pour l'analyse de P, K, Ca, Mg, Na, ou par une minéralisation par voie sèche qui concerne en plus des éléments cités auparavant les métaux lourds. Où nous pouvons grâce à la solution du végétal réalisé les dosages suivants :

- Le reste des éléments à savoir : K, Ca, Mg, Na, Zn, Cu, Mn et Cd, sont dosés par spectrophotomètre à absorption atomique.
- Dosage du P : par chromatographie.

3.2.3.4. Analyses statistiques

Une fois que les résultats d'analyses du sol et du végétal sont obtenus, on leur applique une analyse de la variance (test F), qui nous renseignera sur l'effet (niveau de signification) des deux facteurs étudiés à savoir la dose de boue et l'essence forestière, ainsi que l'effet de l'interaction (dose x essence) s'il existe.

3.3. Résultats et interprétations
3.3.1. Résultats et interprétations d'analyses de la boue
3.3.1.1. Résultats

Le tableau 08, regroupe les résultas d'analyse de la boue résiduaire issue de la station d'épuration de Gassi-Touil, ainsi que les normes A.F.NOR et des normes proposées par COUILLARD et GRENIER (1990) (in IGOUD 1991).

Tableau 08: Résultats d'analyses de la boue (STEP/GTL).

Paramètres		valeurs	Normes limites
MS	%	94,35	-
pH		7,32	-
CE	dS/m	5,84	-
N	%	3,00	2,00 – 2,5*
P	%	0,35	0,43 – 0,87*
K	%	0,05	0,16 – 0,40*
C.O	%	23,25	-
M.O	%	40,00	40 – 65*
C/N		7,75	-
Na	%	0,045	-
Ca	%	0,054	-
Mg	%	0,060	-
Cd	ppm	1,30	10^+ 20*
Mn	ppm	1,00	800^+
Zn	ppm	3,15	2500^+ 3000*
Cu	ppm	0,88	600^+ 1000*
Hg	ppm	Traces	05^+ 10*
Pb	ppm	traces	300^+ 800*
Cr	ppm	traces	500^+ 1000*
Fe	ppm	traces	-
$CaCO_3$	%	1,13	-

* : Normes A.F.NOR (1985). $^+$: Normes proposées par COUILLARD et GRENIER (1990).

3.3.1.2. Interprétations

Une valeur de 3 % d'azote, place les boues de la S.T.E.P de Gassi-Touil parmi les plus riches. En effet un intervalle de 2 à 2,5% d'azote d'après les normes A.F.NOR (1985), permet aux boues d'être destinée à la valorisation agricole, tout en tenant compte des autres paramètres.

Pour le phosphore, les analyses révèlent une richesse de la boue en cet élément 0,35% de P, qui est une valeur en dessous des normes d'A.F.NOR, mais qui reste acceptable, surtout dans les sols pauvres en cet élément, comme il est le cas des sols sableux de la région d'étude.

Selon BARIDEAU (1986), le potassium fait défaut dans toutes les boues, cela est dû à sa solubilisation. Chose confirmée dans nos résultats d'analyses de la boue, où cette dernière présente une teneur de 0,05%, ce qui est faible par rapport à des valeurs de 0,16 à 0,40% (normes A.F.NOR). Donc les boues de la STEP de Gassi-Touil, sont riches en azote, moyennement riche en phosphore et pauvre en potassium.

La matière organique, souvent très élevée dans les boues fournit à long terme des éléments minéraux et stabilise la structure des sols. 40% de cette matière dans la boue, semble en dessous des teneurs maximales (50%) rapportée par GRENIER (1989), tandis qu'elles sont dans les normes d'A.F.NOR. Cependant, c'est un apport non négligeable surtout dans les sols Sahariens, où l'apport organique et fertilisant est presque inexistant.

Pour le Calcium et le Magnésium. Les teneurs respectives de ces deux éléments sont 0,054 et 0,060%. GRENIER (1989) rapporte des teneurs en calcium de 2,1% en moyenne dans les boues du Québec à 4,9% pour celles des Etats Unis, alors que les teneurs en magnésium sont en moyenne égales à 0,43% dans les boues du Québec et à 0,54% dans celles des Etats Unis. Cela nous entraîne à indiquer que les valeurs obtenues sont largement en dessous de ces valeurs obtenues en Québec et au U.S.A, chose sûrement due aux procédés d'épuration utilisés dans ces deux pays.

Les métaux lourds, à savoir le Zinc, Cuivre et le Cadmium, ont des teneurs largement inférieures à celles indiquées par les normes A.F.NOR et celles de COUILLARD et GRENIER (1990), qui sont plus strictes. Alors que pour le Fer, Plomb, Chrome et le Mercure ils sont présents sous forme de traces.

3.3.2. Effets des boues sur la croissance en hauteur

Dans l'agriculture Saharienne, l'une des plus importantes pièces maîtresses de la réussite de tout projet de mise en valeur est belle et bien l'efficacité du brise vents, qui est en général mis en place avant la mise en culture du périmètre, pour cela la croissance rapide de ces arbres est d'une importance capitale pour les exploitants.

Après six mois de plantation, le taux de survie était de 100% pour tous les traitements. Par ailleurs, ces résultats ne peuvent être attribués au seul facteur de l'amendement de boue, mais aussi aux soins apportés aux plants, grâce au dispositif en pots et à la bonne protection des plants (serre). Ceci est pour le taux de survie de nos plants, quand est-il, pour le gain de croissance?

3.3.2.1. Résultats

Durant notre expérimentation, nous avons suivi le gain de croissance en hauteur et ceci d'une façon mensuelle, où le taux de gain en croissance des différents traitements est présenté dans le tableau 09. Ce dernier est appuyé par une analyse de la variance avec le test F, où on étudie la signification entre doses, essences et l'interaction (doses x essences).

Tableau 09: Taux de gains de croissance en fonction des doses de boue.

		Doses				Signification
		D.0	D.1	D.2	D.3	
Essences	Acacia	126,83	185,07	219,28	270,17	*T.H.S*
	Casuarina	52,39	92,25	102,64	75,89	
	Eucalyptus	128,26	156,03	172,51	146,20	
Signification		*T.H.S*				Interaction *N.S*

CV Essence: 28,6%   CV Dose : 28,8%

64

3.3.2.1. Interprétation

D'après les résultats présentés (tableau 08), les gains de croissance en hauteur ont tendance à augmenter avec les doses croissantes de boues apportées. Les données obtenues montrent bien cet accroissement. Chez le Casuarina et l'Eucalyptus, les meilleurs taux de gains de ces deux essences sont respectivement de 102,64% et 172,51% avec la dose D2 devant 52,39% et 128,26% de gain pour les mêmes essences n'ayant pas subis d'apport de boue (témoin), alors qu'au-delà de la dose D2, l'effet de la boue est amoindri (Figure 08 et 09). Tandis que pour l'Acacia l'apport de boue en forte dose est toujours bénéfique, il atteint un gain de croissance en hauteur de 270,17% pour la dose D3 (Figure 10)

A la lumière de ces résultats on est arrivé à constater des doses limites pour l'Eucalyptus et le Casuarina, alors que pour l'Acacia elle n'est pas désignée, où cette essence a une réponse très positive envers l'apport de boue.

Suite à l'analyse de la variance, on constate des coefficients de variations de l'ordre de 28,8% pour l'essence et 28,6% pour la dose. Chose qui indique que l'erreur expérimentale cause une dispersion moyenne des résultats de l'ordre de 28,8% et 28,6% par rapport à la moyenne de l'essai. Dans notre cas on peut expliquer cela à l'hétérogénéité des hauteurs de nos plants aux débuts de l'expérimentation malgré qu'ils aient le même âge qui est de 06 mois, qui crée une certaine différence dans leur comportement vis à vis de l'apport de boue.

Nous pouvons constater à partir de notre analyse statistique, que l'effet interaction n'est pas significatif. Ceci est dû à l'indépendance des deux facteurs étudiés à savoir l'essence et la dose. Dans de tels cas nous étudions séparément chaque facteur, où l'effet dose est très hautement significatif vu les grands gains de croissance (Figure 8, 09 et 10). Même chose pour l'effet essence qui est à son tour très hautement significatif, chose due au rythme de croissance différent des trois essences.

L'apport de boue à différentes doses à montrer des effets très remarquables sur la croissance en hauteur des trois essences utilisées, où nous avons dégagé les meilleurs gains de croissance pour chaque essence (D3 pour l'acacia et D2 pour l'eucalyptus et le casuarina), ainsi qu'une évaluation des doses limite.

Il est utile de signaler que ces résultats n'étaient pas les mêmes au début de l'expérimentation, vu que pour le casuarina et l'eucalyptus c'est durant le 3ème mois que l'effet de la dose D.2 aura le meilleur rendement, alors que s'été D.1 qui avait le meilleur rendement avant cela (Figure 11 et 12). Alors que pour l'acacia, c'est D2 qui avait donné les meilleurs rendements de croissance au début de l'expérimentation, avant d'être jointe est dépassée par l'effet de la dose D.3, à partir du 3ème mois est d'une façon spectaculaire (Figure 13).

On note que l'acacia, en plus de son développement en longueur, il y'a un extraordinaire développement de sa partie aérienne (ramification).

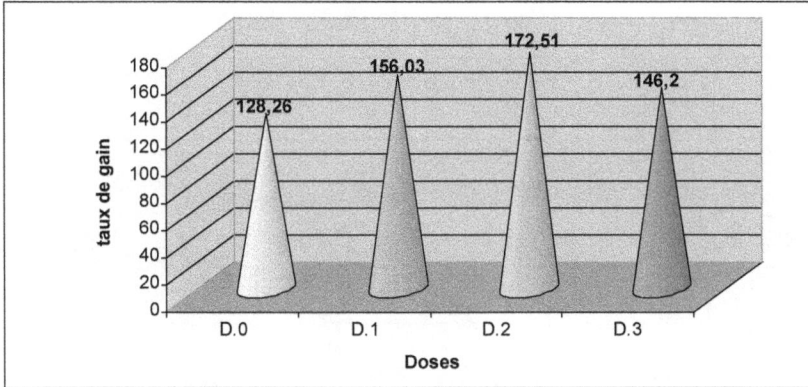

Figure 08 : Gain de croissance du casuarina en fonction des doses

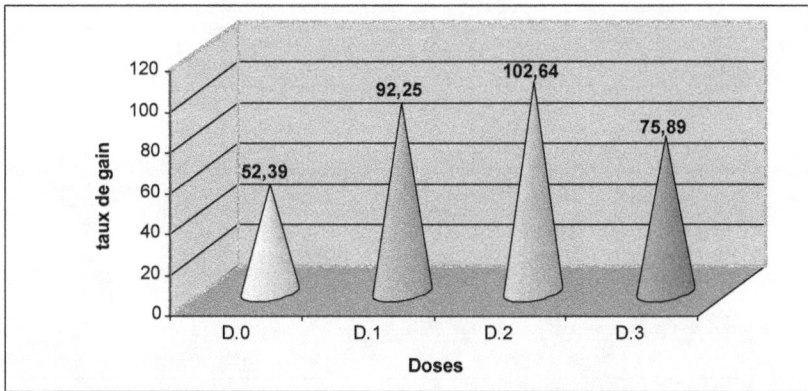

Figure 09: Gain de croissance de l'eucalyptus en fonction des doses

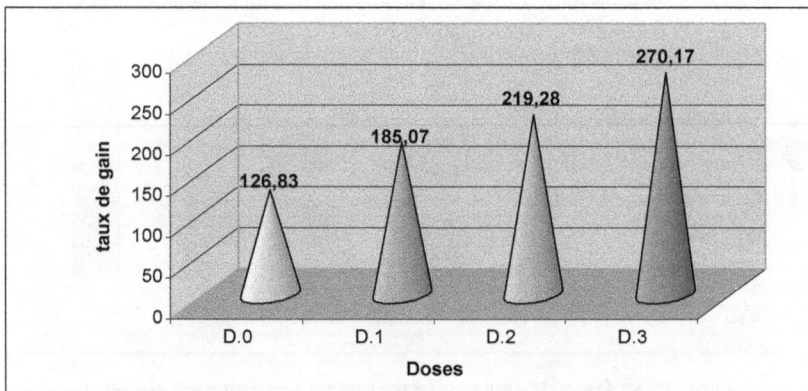

Figure 10 : Gain de croissance de l'acacia en fonction des doses

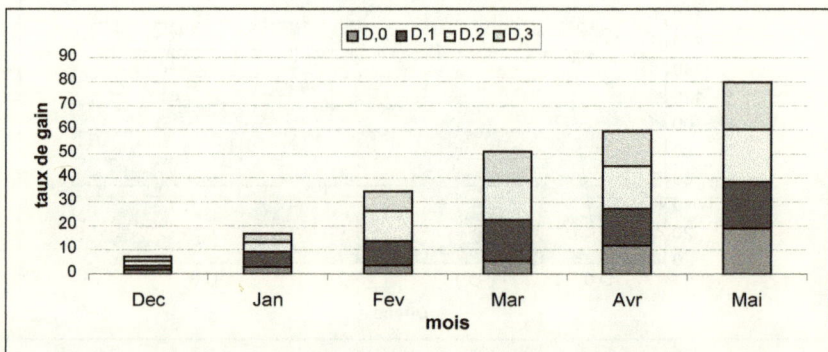

Figure 11 : Gain de croissance du casuarina en fonction du temps

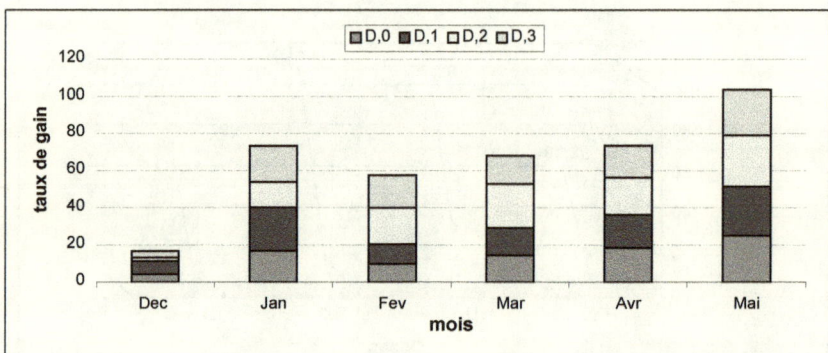

Figure 12 : Gain de croissance de l'eucalyptus en fonction du temps

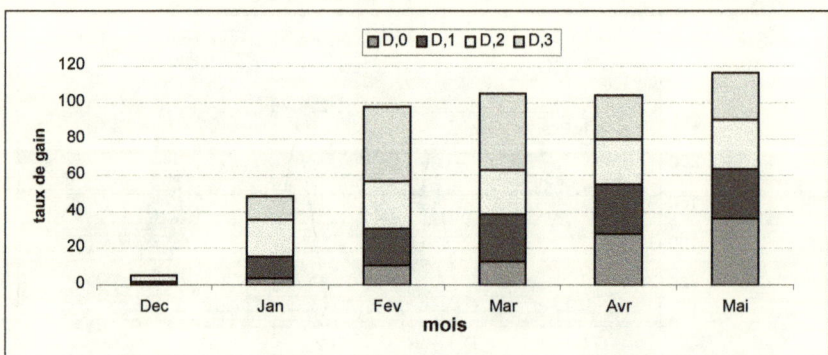

Figure 13 : Gain de croissance de l'acacia en fonction du temps

L'apport de boues avec différentes doses à montrer des effets très remarquables sur la croissance en hauteurs des trois essences utilisées, où nous avons dégagé les meilleurs gains de croissance (optimums agronomiques) pour chaque essence:

- Dose D3 pour l'acacia, avec un taux de 270,17%
- Dose D2 pour l'eucalyptus et le casuarina, avec des taux respectivement de 102,64% et 172,51%.

Ces résultats présentent les taux de gain par rapport à l'état initial, de chaque traitement, alors que si on réalise une comparaison entre chaque traitement avec le témoin, nous aurons les résultats présenter dans la figure 14.

Aussi nous avons pu conclure que le casuarina et l'eucalyptus ne sont pas trop exigeants en amendement malgré qu'ils répondent positivement mais jusqu'à une certaine limite qui est la dose D2. Suite à ces résultats, deux questions s'imposent:

1. A ce que l'apport de boue, a des effets ou des retombées sur la nutrition minérale de nos plants?
2. Y a-t-il accumulation de métaux lourds dans notre végétal ? Sachant leurs existences dans la boue avec des teneurs plus ou moins faibles.

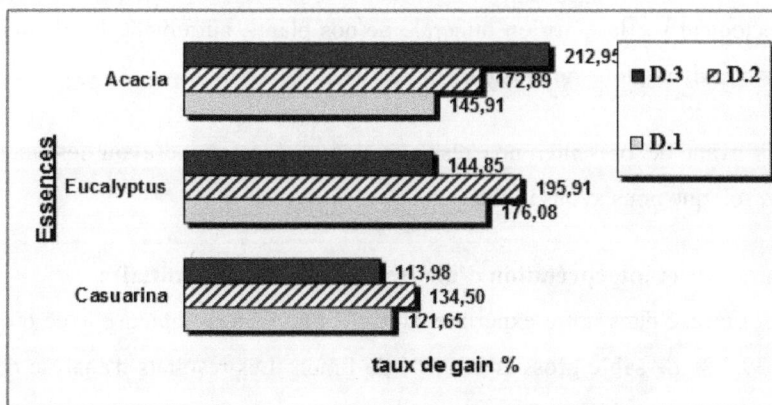

Figure 14 : Gain de croissance des trois essences par rapport aux témoins

Photo 06: Dispositif expérimental après 06 mois (cliché Boutmedjet)

3.3.3. Résultats et interprétations d'analyses du sol

Avant de répondre aux questions posées dans le chapitre précédant, qui sont liées étroitement à l'analyse foliaire de nos plants, il nous a paru judicieux et indispensable de savoir s'il y'a vraiment des paramètres du sol qui seront affectés par l'apport de boue après 06 mois d'expérimentation. Sachant que certains d'entre eux influx directement sur la nutrition minérale de nos plants, autrement dit, ils ont une influence sur la dynamique de plusieurs minéraux.

Mais avant de présenter nos résultats il est nécessaire d'avoir les analyses initiales du sol que nous avons utilisé.

3.3.3.1. Résultats et interprétation d'analyse du sol sableux (initial) :

Le sol utilisé dans notre expérimentation, a une texture sableuse avec 60% de sable fin, 39,7 % de sable grossier et 0,3% de limon. Les résultats d'analyse du sol sont présentés dans le tableau 10.

Tableau 10 : Résultats d'analyses du sol initial (avant l'expérimentation)

Paramètres		valeurs
pH (eau)		7,66
CE		2,40
dS/m		0,52
CaCO$_3$		0,008
%		0,013
Carbone organique	%	0,005
Matièreorganique	%	1,6
N total	%	0,004
C/N		0,003
Phosphore total	%	0,006
K$^+$	%	0,23
Mg^{++}	%	0,013
Ca^{++}	%	traces
Na$^+$	%	0,10
Cu^{++}	ppm	traces
Zn^{++}	ppm	
Mn^{++}	ppm	

A première vue nous constatons que notre sol est légèrement alcalin, très pauvre en matière organique et en azote, non calcaire et peu salin. Le rapport C/N est dérisoire.

Les éléments majeurs tels que l'azote, le phosphore et le potassium sont faiblement représentés. Ces résultats sont d'un intérêt particulier pour notre expérimentation, puisqu'il s'agit d'un apport fertilisant (la boue).

Il est utile de signaler que ce sol est apte est de loin, à recevoir une matière fertilisante en l'occurrence les boues résiduaires urbaines, surtout lorsqu'il s'agit de sol très pauvre en matière organique et en minéraux (sol sableux par exemple).

71

3.3.3.2. Résultats et interprétation d'analyse du sol après expérimentation :

Après six mois d'expérimentation, nous avons fait des analyses physiques et chimiques afin de faire ressortir les principaux changements du sol, suite à l'apport de différentes doses de boue. Ces changements sont comparés avec celle du sol sans apport de boue (D.0), tout cela après l'expérimentation (06 mois).

Tableau 11 : Résultats d'analyses du sol après expérimentation, en fonction des traitements.

traitements		pH	CE (ds/m)	MO %	N %	K %	P %	Ca %	Mg %	Na %	Zn ppm	Cd ppm
Acacia	D.0	7,60	2,46	0,02	0,01	0,003	0,01	0,25	0,0057	0,015	0,16	0,00
	D.1	7,54	2,48	0,96	0,33	0,004	0,07	0,23	0,0075	0,016	0,18	0,12
	D.2	7,46	2,50	2,50	0,95	0,005	0,11	0,23	0,010	0,018	0,18	0,15
	D.3	7,40	2,58	3,70	1,16	0,008	0,16	0,21	0,013	0,019	0,24	0,18
Casuarina	D.0	7,63	2,45	0,01	0,01	0,004	0,01	0,25	0,0057	0,014	0,16	0,00
	D.1	7,50	2,45	0,92	0,28	0,006	0,07	0,23	0,007	0,015	0,18	0,13
	D.2	7,46	2,72	2,32	0,93	0,005	0,08	0,24	0,010	0,019	0,20	0,16
	D.3	7,40	2,82	3,59	1,07	0,013	0,12	0,23	0,016	0,020	0,25	0,19
Eucalyptus	D.0	7,62	2,40	0,01	0,01	0,005	0,01	0,25	0,0075	0,015	0,16	0,00
	D.1	7,50	2,50	0,90	0,11	0,005	0,06	0,23	0,010	0,017	0,19	0,15
	D.2	7,40	2,54	2,16	0,52	0,007	0,09	0,24	0,011	0,020	0,21	0,20
	D.3	7,37	2,74	3,27	0,88	0,008	0,12	0,22	0,014	0,023	0,25	0,25

A partir de ces analyses nous avons pu dresser le tableau (11), où plusieurs changements sont signaler, et pour mieux cerner ces changements, nous avons étudié chaque paramètre indépendamment à savoir pH, CE et M.O puis les éléments minéraux, où nous allons nous intéresser durant notre étude à l' N, P, K, Mg, Ca, Na, Zn et Cd. Ce choix est du à leur présence dans les boues utilisées. On remarque à travers les résultats obtenus que le Mn et le Cu sont présents seulement sous formes de traces, dans les sols occupés par les trois essences et ceci dans la dose D3. Les résultats obtenus furent appuyés par l'analyse de variance (test F).

3.3.3.2.1. Le pH

Dans les régions arides, la gamme relative aux sols s'étend d'un pH légèrement inférieur à 7 à un pH d'environ 9 (BOCKMAN et *al* 1965 in BACI, 1982). Le pH peut jouer un rôle important dans le contrôle des équilibres entre l'immobilisation et la solubilisation des métaux lourds et du phosphore. En effet, on estime que les métaux lourds sont moins mobiles et moins disponibles quand le pH est élevé.

Les résultats de mesure du pH, dans les sols des différents traitements sont présentés dans le tableau 12.

Tableau 12: valeurs du pH dans différents traitements

Sols	Doses				Signification
	D.0	D.1	D.2	D.3	
Sol (Acacia)	7,60	7,54	7,46	7,40	
Sol (Casuarina)	7,63	7,50	7,48	7,39	*T.H.S*
Sol (Eucalyptus)	7,62	7,50	7,40	7,37	
Signification	*T.H.S*				*Interaction:* *T.H.S*

CV Essence: 0,4%   CV Dose : 0,4%

A première vue, et suivant les valeurs des CV, nous pouvons dire que notre essai pour ce paramètre est d'une grande précision. Nous remarquons que le pH diminue au fur et à mesure qu'on augmente la dose de boue apportée, ce qui fait sortir son effet très hautement significatif sur la valeur du pH. Ce dernier diminue et par ordre de 7,60, 7,63 et 7,62 en (D.0) à 7,40 en moyenne avec (D.3), pour les sols occupés par les essences : Acacia, Casuarina et Eucalyptus (Figure 15). Ces dernières (essences) ont aussi un effet très hautement significatif sur le pH, où leurs comportements dans le sol sont différents.

Donc, l'apport de boue sur des sols initialement alcalin, a tendance à faire diminuer les valeurs du pH. Chose confirmée par les travaux de POMMEL (1979). Cette diminution est due aux prélèvements racinaires des cations (K^+, Ca^{++}) considérés comme des bases fortes, qui selon BOCKMAN et *al* (1990), sont accompagnées d'excrétions d'acides (H^+) et contribuent ainsi à l'acidification du sol. L'importance de ce phénomène dépend de l'espèce et du stade de développement de la plante ; les légumineuses, par exemple, sont particulièrement acidifiantes.

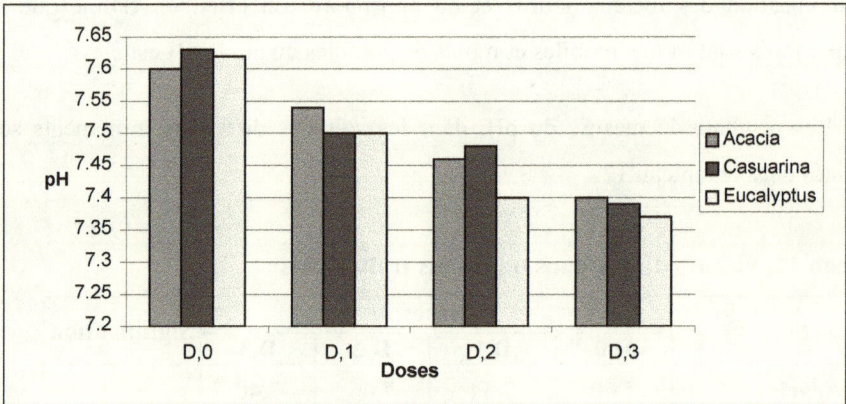

Figure 15 : Variation du pH en fonction des doses de boues

3.3.3.2.2. La conductivité électrique

Ce paramètre s'applique particulièrement sur les terres salées et aux terres à taux de fertilisation très élevée (AUBERT, 1978). Pour notre cas nous avons suivi la teneur en sels dissous dans les sols des différents traitements, et cela après 06 mois d'expérimentation. Les résultats sont présentés dans le tableau 13.

Tableau 13: valeurs de la C.E (dS/m) dans différents traitements

Sols	Doses				Signification
	D.0	**D.1**	**D.2**	**D.3**	
Sol / Acacia	2,46	2,48	2,50	2,58	
Sol / Casuarina	2,45	2,45	2,72	2,82	*T.H.S*
Sol / Eucalyptus	2,40	2,50	2,54	2,74	
Signification	*T.H.S*				*Interaction:* *T.H.S*

CV Essence: 0,8%   CV Dose : 0,7%

A partir des résultats de la CE obtenus suite à nos analyses, il est clair que le facteur dose de boue influe d'une façon très hautement significative sur la conductivité électrique du sol, chose due à la richesse de cette boue en sels minéraux. Ces teneurs augmentent d'une façon proportionnelle avec l'augmentation des doses apportées. La CE passe de 2,46, 2,45 et 2,40 en (D.0) à 2,58, 2,82 et 2,74 en (D.3) respectivement pour les sols occupés par l'acacia, casuarina et l'eucalyptus (Figure 16). Ces essences ont aussi un effet très hautement significatif sur la CE, chose sûrement due à leur différence sur le point de besoins et d'absorptions radiculaires. On signale aussi que les CV de l'essai, sont d'une grande précision (0,8 % pour le facteur essence et 0,7 % pour le facteur dose).

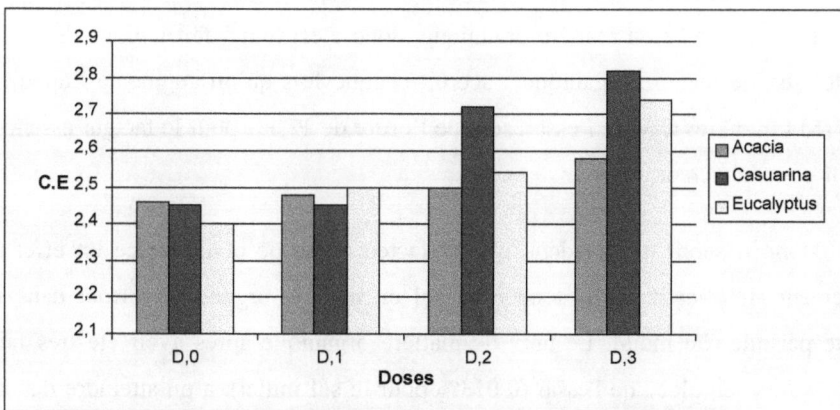

Figure 16 : Variation de la CE en fonction des doses de boues

3.3.3.2.3. La matière organique

D'après BAIZE (2000), les matières organiques des sols jouent un rôle majeur aussi bien au plan agronomique ou forestier qu'au plan environnemental, due à un:

— Rôle dans l'absorption et la rétention de l'eau, des cations échangeables, du phosphore de l'azote et des éléments traces métalliques.

— Rôle positif sur la stabilité structurale des horizons de surface.

— Rôle biologique vis-à-vis de la méso-faune et des micro-organismes.

Concernant les résultats du dosage de la matière organique, ils sont présentés dans le tableau14.

Tableau14: Teneurs en M.O dans différents traitements

Sols	Doses				Signification
	D.0	**D.1**	**D.2**	**D.3**	
Sol / Acacia	0,02	0,96	2,50	3,70	
Sol / Casuarina	0,01	0,92	2,32	3,59	*N.S*
Sol / Eucalyptus	0,01	0,90	2,16	3,27	
Signification	*T.H.S*				*Interaction : N.S*

CV Essence: 17,1%   CV Dose : 10,6%

Comme nous l'avons découvert précédemment, les boues de la STEP de Gassi-Touil, sont très riche en matière organique, donc c'est tout à fait logique de trouver que le taux de matière organique s'accroît chaque fois qu'on augmente l'apport de boue (M.O), où les C.V de l'essai, sont de l'ordre de 17,1% pour le facteur essence et 10,6% pour le facteur dose.

Donc il serait très évident, que le facteur dose de boue exerce un effet très hautement significatif sur la teneur du sol en matière organique surtout dans une courte période (06 mois). Le taux de matière organique après avoir été très faible avant la mise en place de l'essai (0.013% pour le sol initial), a pu atteindre des taux qui rendent le sol moyennement riche en matière organique, où ils atteignent 3,70%, 3,59%et 3,27% en (D.3) respectivement pour les sols de l'acacia, casuarina et de l'eucalyptus après avoir été en moyenne 0,01% en D.0 (Figure 17). Tandis, que le facteur essence n'a aucun effet sur le taux de matière organique.

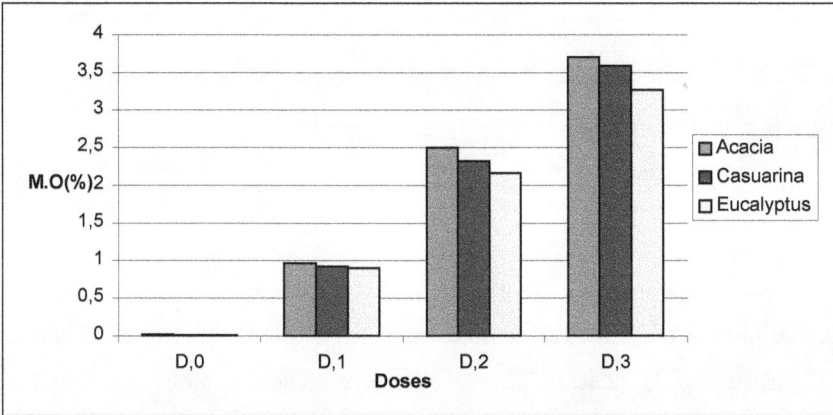

Figure 17 : Teneurs de la matière organique en fonction des doses

3.3.3.2.4. L'azote

Selon BOCKMAN et *al* (1990), l'azote est présent sous différentes formes dans le sol :

- Formes minérales solubles : ammonium, nitrate.
- Composés organiques solubles : urée, acides aminés.
- Formes non solubles : matière organique (organismes morts en décomposition, débris cellulaire, humus).

Dans la plupart des sols, l'azote organique représente plus de 95% de l'azote total (DUCHAUFFOUR, 1979).

Dans notre cas, nous avons étudié la teneur du sol en azote total, qui est l'ensemble de toutes les formes d'azote minéral et organique présentent dans le sol, excepté l'azote gazeux (N_2 de l'air).

L'azote n'est assimilable qu'en partie la première année, environ 20 à 40% pour les boues déshydrater, les taux d'assimilations annuelles vont ensuite en décroissant (DEGREMONT, 1989 b).

Les résultats du dosage de cet élément sont présentés dans le tableau 15.

Tableau 15: Teneurs en azote (%) dans différents traitements

Sols	Doses				Signification
	D.0	**D.1**	**D.2**	**D.3**	
Sol (Acacia)	0,01	0,33	0,95	1,16	
Sol (Casuarina)	0,01	0,28	0,93	1,07	*T.H.S*
Sol (Eucalyptus)	0,01	0,11	0,52	0,88	
Signification	*T.H.S*				*Interaction :H.S*

CV Essence: 17,1%   CV Dose : 20,7%

La teneur des sols en azote, est affectée d'une façon très hautement significative par les deux facteurs étudiés (essence et dose). L'effet de la dose de boue est justifié par la richesse de cette dernière en azote, alors que l'effet des essences est dû aux besoins différents des trois essences. Ces teneurs sont en augmentation continue, et ceci en fonction des doses de boue apportées, où il passe d'un sol très pauvre en azote en (D0), (D1) à un sol pauvre en (D2), puis moyen en (D3) pour le sol de l'acacia 1,16% et le sol du casuarina 1,07% (Figure 18). Ici rentre la capacité de ces deux dernières essences a fixé l'azote, ce qui est illustrer par l'effet très hautement significatif du facteur essence sur la teneur en azote dans ces sols.

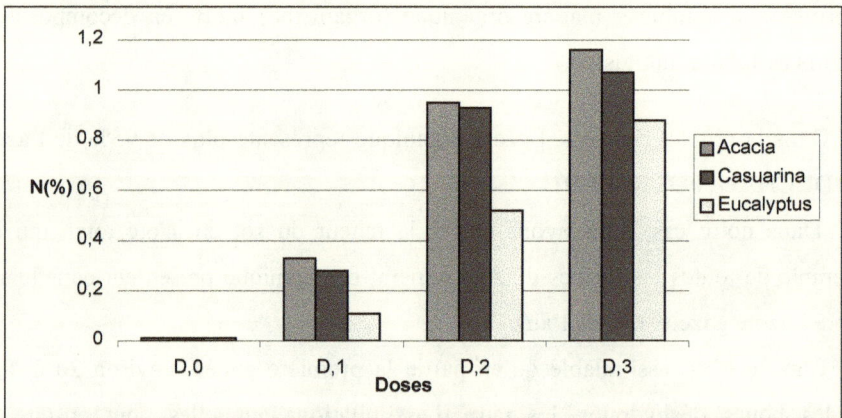

Figure 18 : Teneurs en azote en fonction des doses de boue

3.3.3.2.5. Le potassium

D'après BOCKMAN et *al* (1990), certains sols (sableux légers), ont une faible capacité d'échange en cations. Des épandages importants de potassium (cas des fumures organiques) conduisent à des pertes par lessivage. Les engrais potassiques, élèvent la teneur du sol en cations K^+ (en solution e absorbés) (SOLTNER, 2003).

Les résultats du dosage de cet élément sont présentés dans le tableau 16.

Tableau 16: Teneurs en potassium (%) dans différents traitements

Sols	Doses				Signification
	D.0	**D.1**	**D.2**	**D.3**	
Sol (Acacia)	0,003	0,004	0,005	0,008	
Sol (Casuarina)	0,004	0,006	0,005	0,013	*N.S*
Sol (Eucalyptus)	0,005	0,005	0,007	0,008	
Signification	*S*				*Interaction : S*

CV Essence: 36,6%   CV Dose : 29,5%

On remarque dans ce cas, que les teneurs du sol en potassium sont relativement proches, ce qui élimine une probable influence des essences sur cet élément. D'ailleurs l'effet du facteur essence sur le K est non significatif, tandis que malgré la pauvreté de notre boue en cet élément, la dose a eu un effet significatif sur la teneur des plantes en K, où elle augmente avec la dose de boue apportée dans le sol. Les teneurs sont au maximum et pour les trois essences dans (D.3), avec 0,008% pour le sol de l'acacia et l'eucalyptus, 0,013% pour le sol du casuarina (Figure 19).

On soulève ici, la probable influence de l'eau d'irrigation sur ces teneurs, qui n'est pas a écarté sachant que cette eau est riche en potassium (20 mg/l), dépassant même les normes

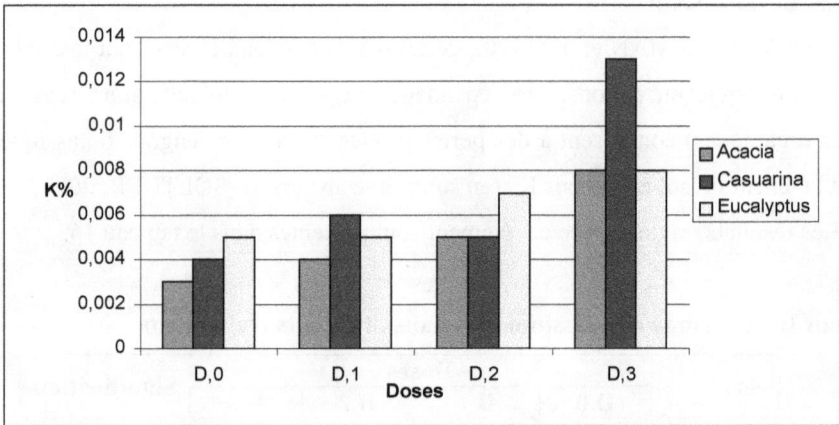

Figure 19 : Teneurs en potassium en fonction des doses de boue

3.3.3.2.6. Le phosphore

L'un des éléments majeurs, absolument indispensable aux végétaux, c'est pourquoi il serait très intéressant d'analyser nos sols, afin de pouvoir estimer la quantité disponible pour nos plants. Le phosphore total, est l'ensemble de toutes les formes de phosphore présent dans le sol, soit sous forme minéral ou organique.

Les analyses des différents sols, ont fait sortir les teneurs suivantes en P (tableau 17) :

Tableau 17: Teneurs en phosphore (%) dans différents traitements

Sols	Doses				Signification
	D.0	**D.1**	**D.2**	**D.3**	
Sol (Acacia)	0,01	0,07	0,11	0,16	
Sol (Casuarina)	0,01	0,07	0,08	0,12	*N.S*
Sol (Eucalyptus)	0,01	0,06	0,09	0,12	
Signification	*T.H.S*				*Interaction : S*

CV Essence: 39,9%   CV Dose : 35,8%

Comme ça été le cas, pour l'azote il est de même pour le phosphore, l'effet dose est très hautement significatif par contre le facteur essence est non significatif. L'effet dose est justifié par la quantité du phosphore dans la boue apportée, alors que

80

la non-signification de l'effet essence, est peut être due aux rapprochements dans les quantités absorbées par les végétaux étudiés. Ces teneurs sont en augmentation continue, et ceci en fonction des doses de boue apportées, où après avoir été très faible 0,01%, elles augmentent en (D3) avec 0,12% pour le sol occupé par le casuarina et l'eucalyptus et 0,16% pour le sol occupé par l'acacia (Figure 20).

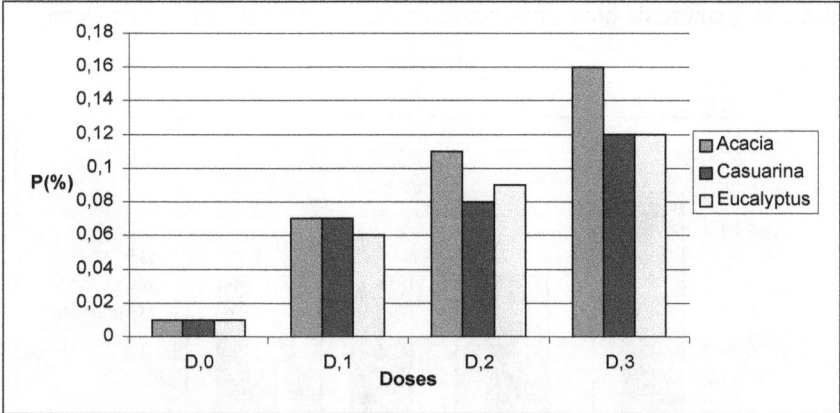

Figure 20 : Teneurs en phosphore en fonction des doses de boue

3.3.3.2.7. Le calcium :

Selon BAIZE (2000), en sol calcaire, une grande part de Ca dosé doit être rapportée au $CaCO_3$, chose sur, surtout dans notre cas, où la boue utilisée contient 1,13% de $CaCO_3$.

Les résultats de dosage de cet élément sont présentés dans le tableau 18.

Tableau 18: Teneurs en calcium (%) pour les différents traitements

Sols	Doses				Signification
	D.0	**D.1**	**D.2**	**D.3**	
Sol / Acacia	0,25	0,23	0,23	0,21	
Sol / Casuarina	0,25	0,23	0,24	0,23	*N.S*
Sol / Eucalyptus	0,25	0,23	0,24	0,22	
Signification	*S*				*Interaction : N.S*

CV Essence: 5,3%   CV Dose : 5,5%

81

Après que notre sol initial avait une teneur en calcium de 0,23%, elle augmente plus dans les sols sans apport de boue (D0) avec 0,25%, que chez les sols amendés, où elles ne dépassent pas 0,25% et ceci pour les sols des trois essences, ce qui fait sortir le non-effet du facteur essence sur la teneur du sol en calcium. Malgré, qu'ils n'y a pas une grande variation l'effet dose est significatif, vu qu'au fur et à mesure qu'on augmente le dose, il y'a une diminution de calcium (Figure 21). Ces résultats sont dus à la quantité de boue apportée, sachant que cette dernière est très pauvre en Ca (0,054%).

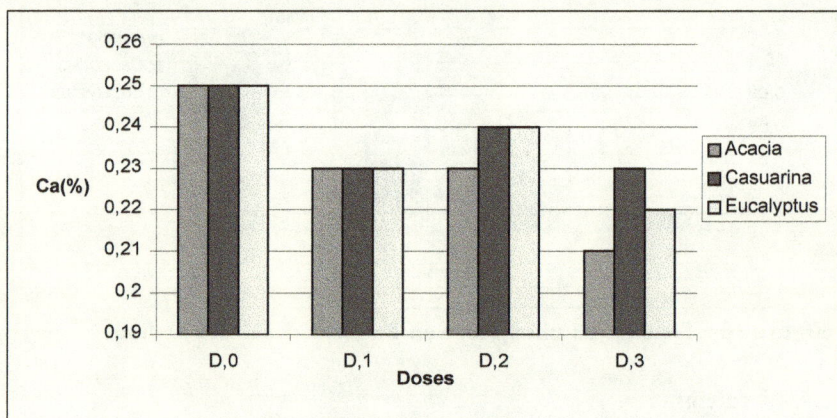

Figure 21 : Teneurs en calcium en fonction des doses de boue

3.3.3.2.8. Le magnésium:

Le dosage de cet élément secondaire, à donner les résultats suivant (tableau 19).

Tableau 19: Teneurs en magnésium (%) dans différents traitements

Sols	Doses				Signification
	D.0	**D.1**	**D.2**	**D.3**	
Sol (Acacia)	0,0057	0,0075	0,010	0,013	
Sol (Casuarina)	0,0057	0,007	0,010	0,016	*N.S*
Sol (Eucalyptus)	0,0075	0,010	0,011	0,014	
Signification	*S*				*Interaction : N.S*

CV Essence: 25,8%   CV Dose : 18,1%

Nous remarquons que les teneurs en Mg, sont très proches à l'intérieur des mêmes sols ayant subis le même traitement, ce qui écarte tout effet du facteur essence sur ces teneurs, alors que l'effet du facteur dose est significatif, où les teneurs ont tendance a augmenté avec l'augmentation des doses de boue ramenée à notre sol. Elles sont au maximum en (D3) avec 0,013, 0.016 et 0.014% respectivement pour le sol de l'acacia, casuarina et l'eucalyptus, après avoir été 0,0057% pour le sol d'acacia, casuarina en (D0) et 0,0075% pour le sol l'eucalyptus (Figure 22).

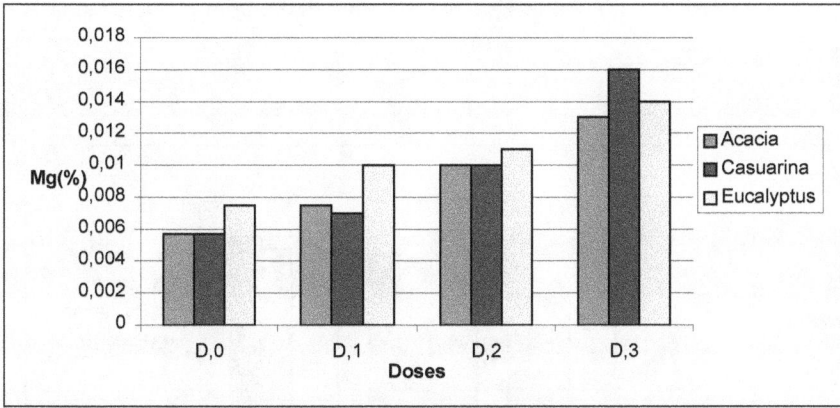

Figure 22 : Teneurs en magnésium en fonction des doses de boue

3.3.3.2.9. Le sodium

Les résultats de l'analyse de cet élément sont présentés dans le tableau 20.

Tableau 20: Teneurs en sodium (%) dans différents traitements

Sols	Doses				Signification
	D.0	**D.1**	**D.2**	**D.3**	
Sol (Acacia)	0,015	0,016	0,018	0,019	
Sol (Casuarina)	0,014	0,015	0,019	0,020	*S*
Sol (Eucalyptus)	0,015	0,017	0,020	0,023	
Signification	*S*				*Interaction : N.S*

CV Essence: 7,2%   CV Dose : 8,1%

La boue utilisée dans notre essai, n'est pas d'une grande richesse en cet élément mais par rapport au sol initial, elle est clairement plus riche, chose qui influe positivement sur la teneur du sol en cet élément, après apport de boue. Il ressort à travers les résultats obtenus que les teneurs en Na augmentent d'une façon significative par rapport aux quantités de boues ramenées. Le facteur essence a un effet significatif, où chaque essence influe d'une manière différente sur le Na du sol. Ces teneurs passent de 0,015% en moyenne pour (D.0) à 0,019% en (D.3) pour le sol de l'acacia et 0,023% pour le sol de l'eucalyptus, et 0,020% pour le sol occuper par le casuarina (Figure 23).

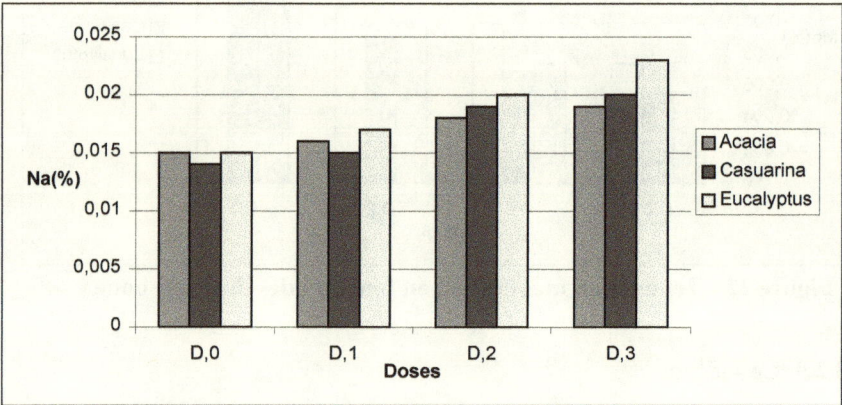

Figure 23 : Teneurs en sodium en fonction des doses de boue

3.3.3.2.10. Le zinc:

L'un des plus importants oligo-éléments. Les résultats du dosage de cet élément dans le sol sont présentés dans le tableau 21.

Tableau 21: Teneurs en zinc (ppm) dans différents traitements

Sols	Doses				Signification
	D.0	D.1	D.2	D.3	
Sol / Acacia	0,16	0,18	0,18	0,24	
Sol / Casuarina	0,16	0,18	0,20	0,25	N.S
Sol / Eucalyptus	0,16	0,19	0,21	0,25	
Signification	S				N.S

CV Essence: 10,3%   CV Dose : 12%

Vu que la teneur du zinc dans le sable utiliser dans notre essai est de 0,16 ppm, ainsi que la présence du Zn dans les boues avec une teneur de 3,15 ppm, il est tout à fait normal que les teneurs s'accroissent avec l'augmentation des doses de boue. De cette manière l'effet dose sur la teneur du sol en Zn est significatif, sachant que les teneurs qui été de 0,16 ppm en (D0) pour les trois sols, passent en (D3) à 0,25 ppm en moyenne pour les sols occupés par le casuarina, l'eucalyptus et l'acacia (Figure 24).

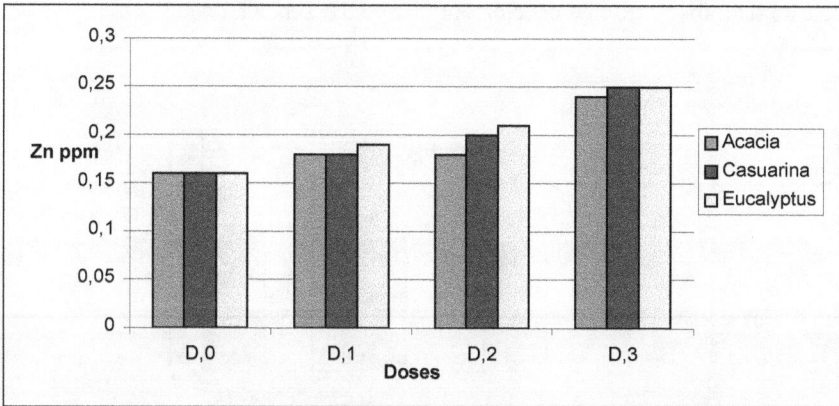

Figure 24 : Teneurs en zinc en fonction des doses de boue

3.3.3.2.11. Le cadmium

Les questions relatives au cadmium sont :

- probables effets négatifs sur les rendements et la qualité des cultures à long terme, liés à son accumulation dans le sol.

- perturbation de l'activité des micro-organismes du sol.

Les résultats du dosage de cet élément traces, sont exposés dans le tableau 22.

Tableau 22: Teneurs en cadmium (ppm) dans différents traitements

Sols	Doses				Signification
	D.0	**D.1**	**D.2**	**D.3**	
Sol (Acacia)	0,00	0,12	0,15	0,18	
Sol (Casuarina)	0,00	0,13	0,16	0,19	*T.H.S*
Sol (Eucalyptus)	0,00	0,15	0,20	0,25	
Signification	*T.H.S*				*Interaction : N.S*

CV Essence: 19,1%   CV Dose : 25,5%

Les boues faisant l'objet de notre étude, contiennent des quantités réduites en Cd, malgré cela il s'avère que les différentes doses de cette boue apportée à notre sol, ont un effet très hautement significatif, où à partir d'un sol n'ayant aucune trace de Cd, les teneurs en cet élément peuvent atteindre en (D3) : 0,18 ppm, 0,19 ppm et 0,25 ppm respectivement pour les sols occupés par l'acacia, casuarina et eucalyptus (Figure 25). Aussi l'effet du facteur essence est très hautement significatif   vu que l'intensité de l'absorption de cet élément diffère d'essence à l'autre.

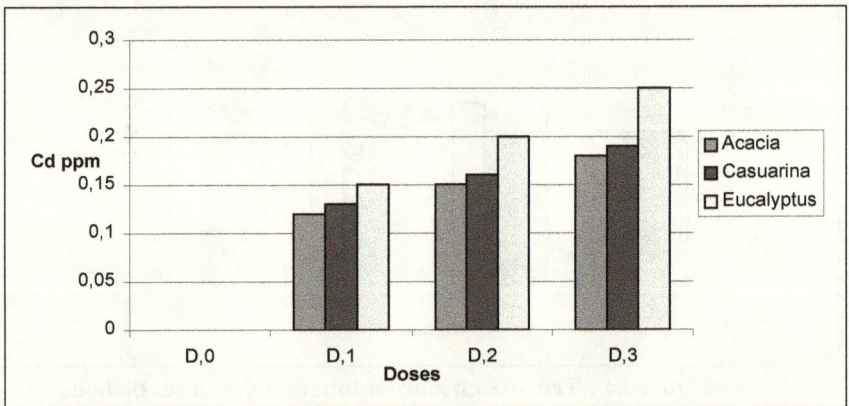

Figure 25 : Teneurs en cadmium en fonction des doses de boue

Conclusion

Après avoir constaté et analyser les caractéristiques des sols amendés par la boue résiduaire paramètre par paramètre, nous pouvons émettre quelques conclusions partielles concernant l'effet de ce produit, au moins pour la période expérimentale :

- Diminue légèrement le pH, sans autant le rendre neutre, avec un minimum obtenu dans le sol occupé par l'eucalyptus en D3, avec une valeur de 7,37.

- Augmente les teneurs en sels dissous (C.E), où ils peuvent atteindre une valeur de 2,82 dS/m, dans le sol en D3, occupé par le casuarina.

- Enrichis le sol en matière organique, où après avoir été pauvre en cette matière, il atteint des valeurs qui le classe comme sol moyennement riche.

- Enrichis le sol en éléments majeurs tels que l'N et le P est ceci avec un maximum en D3.

- Enrichis le sol en Mg, Na et Zn.

- Augmente la teneur du sol en Cd (métaux lourds), tandis que le reste à savoir le Mn et le Cu est sous formes de traces.

3.3.4. Résultats et interprétations des analyses foliaires

Avec un souci de répondre à plusieurs préoccupations, nous devons faire des analyses foliaires afin de :
- Confirmer ou nier une probable accumulation de métaux lourds.
- Mettre sous lumière, le rôle de la boue dans la nutrition minérale des plantes.

Ce qui nous permettra de découvrir les raisons ayant fait la différence de croissance de nos plants.

On classe généralement les éléments minéraux nécessaires à la plante en macro-éléments dont la plante a besoin en quantité élevée et en micro-éléments dont la plante a besoin en petite quantité (oligo-éléments), on les a également appelés éléments traces, cette appellation est dû à la difficulté de déterminer avec sûreté et précision la quantité très faible de ces éléments.

Selon COÏC et COPPENET (1989), les macro-éléments essentiels à la plante sont : Azote, Phosphore, Potassium, Soufre, Magnésium et Calcium. Tandis que les oligo-éléments, jouent un rôle de catalyseur et donc un rôle dans les réactions enzymatiques.

Dans nos analyses foliaires, nous allons étudier 09 éléments : N, P, K, Ca, Na, Mg, Cu, Mn, Zn. Concernant le choix des métaux lourds, il est lié à leur présence dans la boue utilisée.

Dans le but d'être plus efficace nous avons étudié chaque élément indépendamment, pour cela nous avons partagé les éléments en deux groupes, à savoir :
- Les macro-éléments: N, P, K, Mg et le Na
- Les éléments traces ou « oligo-éléments »: Cu, Zn, Mn.

Vu qu'on ne dispose pas d'une référence concernant les probables teneurs en minéraux dans les essences utilisées, surtout dans les zones arides, on s'est contenté de comparer les teneurs trouvées par apport aux témoins.

3.3.4.1. Résultats et interprétations d'analyses des macro-éléments:

Selon BOCKMAN et *al* (1990), les macro-éléments entrent dans la fabrication de nombreux composés végétaux comme les protéines, les acides nucléiques et la chlorophylle. Ils sont indispensables à des processus tels que les transferts d'énergie, le maintien de la pression interne et à la fonction enzymatique. Où les principales formes chimiques de ces éléments absorbés par la plante sont présentées dans le tableau 23.

Tableau 23 : forme chimique des Macro-éléments absorbés par la plante.

Macro-éléments	Forme chimique
Azote (N)	NH_4^+, NO_3^-
Phosphore (P)	$H_2PO_4^-$, HPO_4^{--}
Potassium (K)	K^+
Calcium (Ca)	Ca^{2+}
Magnésium (Mg)	Mg^{2+}
Soufre (S)	SO_4^{2-}

Dans notre cas, nous allons étudier : N, P, K, Ca, Mg, où les résultats de leur dosage sont présentés dans le tableau 24 et repris dans les tableaux 25, 26, 27, 28 et 29, avec en plus les résultats de l'analyse de la variance.

Tableau 24: Résultats d'analyses foliaires des 03 essences utilisées dans différents mélanges

traitements		N %	P %	K %	Mg%	Ca %	Na %	Cu ppm	Zn ppm	Mn ppm
Acacia	D.0	1,35	0,08	0,56	0,12	1,60	0,50	11,02	3,15	75,02
	D.1	1,87	0,16	0,61	0,14	0,66	0,92	16,95	2,38	52,01
	D.2	2,13	0,19	0,63	0,17	0,74	1,31	21,83	2,65	37,40
	D.3	2,86	0,27	0,81	0,22	1,16	1,25	10,80	3,19	36,93
Casuarina	D.0	1,06	0,02	0,40	0,07	0,19	0,56	5,67	2,20	56,53
	D.1	1,14	0,06	0,44	0,09	0,25	1,30	19,66	0,57	52,59
	D.2	1,24	0,19	0,50	0,11	0,21	1,94	17,07	0,98	62,40
	D.3	1,33	0,24	0,55	0,12	0,40	1,86	14,31	2,50	53,51
Eucalyptus	D.0	1,17	0,08	0,41	0,14	1,30	1,11	7,11	0,71	311,71
	D.1	1,23	0,12	0,48	0,13	1,48	1,11	7,55	0,37	358,93
	D.2	1,28	0,19	0,70	0,20	1,38	1,23	8,35	0,82	384,44
	D.3	1,32	0,24	0,70	0,20	1,46	1,44	8,56	0,31	565,03

3.3.4.1.1. L'azote

Les composés azotés prélevés par les plantes sont les nitrates et l'ammonium. L'équilibre entre ces deux formes varie selon les espèces et les conditions pédoclimatiques, mais généralement, les nitrates constituent la principale source d'azote dans le sol pour les plantes (BOCKMAN et al., 1990).

Quelques espèces peuvent être colonisées au niveau de leurs racines par les bactéries fixatrices d'azote moléculaire atmosphérique. Les bactéries transforment N_2 en NH_3 (étape intermédiaire), utilisé pour les besoins azotés des plantes. En retour, les

90

plantes assurent les besoins des bactéries en carbone (MOROT-GAUDRY, 1997). Ce genre de symbiose est principalement présent chez les légumineuses, à titre d'exemple l'Acacia. Le *casuarina equisetifolia* et dans quelques conditions peut présenter des nodosités fixatrices d'azote.

Suite aux dosages de l'azote, nous pouvons dire que c'est un élément dont la concentration, augmente du témoin (D0) jusqu'à la dose (D3), où les résultats sont présentés dans le tableau 25.

Tableau 25 : moyenne des teneurs en azote (%) des différents traitements.

		Doses				Signification
		D.0	D.1	D.2	D.3	
Essences	Acacia	1,35	1,87	2,13	2,86	
	Casuarina	1,06	1,14	1,24	1,33	*T.H.S*
	Eucalyptus	1,17	1,23	1,28	1,32	
Signification		*T.H.S*				Interaction *T.H.S*

CV essence : 3,1%   CV dose : 2,7%

La caractérisation des boues de la STEP de Gassi-Touil (tableau 8), a fait ressortir la richesse de ce produit en azote, qui est le facteur principal, qui a permis l'abondance de cet élément, au niveau foliaire.

Les résultats obtenus, vont dans le même sens que l'accroissement des doses de boue. Le test F est très hautement significatif pour les deux facteurs dose et essence, ainsi que pour leur interaction. Les coefficients de variations sont faibles (3,1% pour l'essence et 2,7% pour la dose).

Ces résultats semblent contradictoires avec les gains en croissance, où on constate que les plus grandes teneurs en azote sont rencontrées pour la dose D3 avec 2,86%, 1,33% et 1,32% respectivement pour l'acacia, casuarina et l'eucalyptus. Sachant que les deux dernières essences ont connu les meilleurs gains de croissance en (D.2). Malgré que cet élément a un effet positif sur la croissance de la partie aérienne des plantes. Ce phénomène peut être expliqué par un genre de saturation et de surplus, c'est à dire on est arrivé à un point d'indifférence, où l'azote pourra être stocké (phénomène de consommation de luxe).

Tandis que pour l'Acacia l'apport de boue en forte dose est toujours bénéfique, où il atteint une teneur en azote de 2,86% pour la dose (D.3). Ceci est dû à la richesse de la boue en azote, mais ça n'écarte pas la tâche fixatrice des nodosités, ce qui rend de l'acacia l'essence la plus riche en azote (Figure 26).

Il est utile de noter que les teneurs en azote, pour tous les traitements sont en accord avec les normes citées par (CHAPMAN et *al* 1966in MARTIN et *al.,*1984) (Annexe 03).

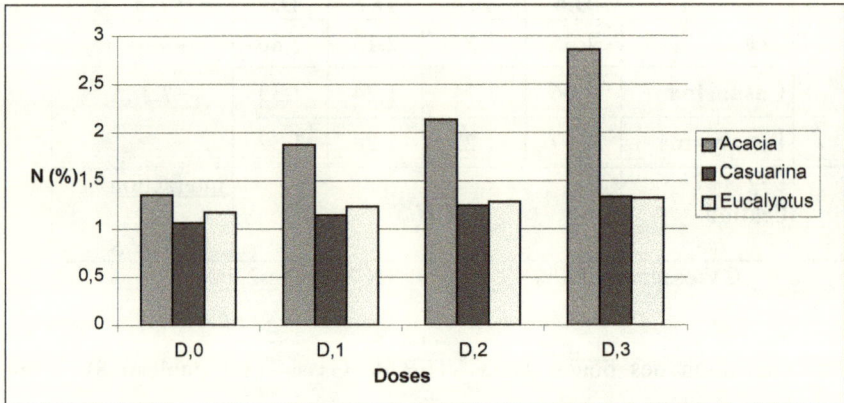

Figure 26 : Teneurs des feuilles en azote en fonction des doses

3.3.4.1.2. Le phosphore

Le phosphore est assez fortement réutilisé dans la plupart des plantes. Il est particulièrement abondant dans les organes jeunes. Ces besoins sont couverts par un mécanisme d'appel, qui mobilise à partir des autres parties de la plante les composés phosphorés nécessaires aux parties en voie de croissance. La rapidité de cette mise à disposition aboutit à ce que la carence phosphorique se manifeste généralement en premier lieu sur les organes âgés. Néanmoins, c'est souvent en s'adressant à des tissus jeunes que le diagnostic analytique des besoins phosphorés est le mieux assuré (CHAPMAN et *al* 1966in MARTIN et *al.*, 1984).

Les résultats du dosage du phosphore sont exposés dans le tableau 26.

Tableau 26 : moyenne des teneurs en phosphore (%) des différents traitements.

		Doses				Signification
		D.0	**D.1**	**D.2**	**D.3**	
Essences	**Acacia**	0,08	0,16	0,19	0,27	
	Casuarina	0,02	0,06	0,07	0,07	*T.H.S*
	Eucalyptus	0,08	0,12	0,19	0,24	
Signification		*T.H.S*				Interaction *T.H.S*

CV essence : 9,2%   CV dose : 12,7%

Sachant que la boue utilisée ramène à notre sol une quantité acceptable en phosphore de l'ordre de 0,35%, qui pourra être exploité par les plants, spécialement les jeunes feuilles.

Comme il a été le cas pour l'azote, il est de même pour le phosphore, où les effets obtenus, vont dans le même sens que l'accroissement des doses de boue, exception faite par le Casuarina qui connais un intervalle de teneur plus ou moins réduit allant de 0,02% à 0,07% respectivement pour D0 et D3 chose qui peut être expliquée par son type spécial de feuilles (aiguille) où tout simplement on est arrivé à la valeur optimale. Tandis que pour l'acacia et l'eucalyptus la teneur passe respectivement de 0,08% avec (D.0) à 0,27% avec (D.3) et de 0,08% (D.0) à 0,24% avec (D.3). Le test F est très hautement significatif pour les deux facteurs dose et essence, ainsi que pour leur interaction. Les coefficients de variations sont de l'ordre de 9,2% pour l'essence et 12,7% pour le facteur dose.

Donc, c'est l'acacia qui est le plus profitable, en ce qui concerne les teneurs en phosphore avec comme meilleure teneur, suivie par l'eucalyptus avec respectivement 0,27% et 0,24% pour la dose (D.3) (Figure 27). Ces teneurs sont dans les normes de CHAPMAN et *al* (1966) in MARTIN et *al* (1984) (Annexe03).

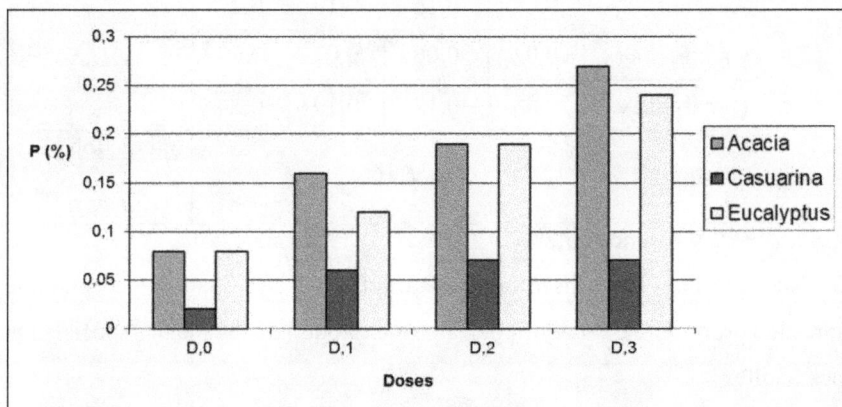

Figure 27 : Teneurs des feuilles en phosphore en fonction des doses de boue

3.3.4.1.3. Le potassium

D'après BOCKMAN et *al* (1990), les minéraux argileux sont la principale source de potassium pour les plantes. La majeure partie du potassium présent dans le sol est incluse dans les composés minéraux insolubles ; il est inaccessible aux plantes. Ce potassium ne peut être libéré que par un lent processus d'altération. Une fumure régulière assure une bonne alimentation des cultures.

Par un mécanisme d'appel et de mobilisation immédiate semblable à ceux du P, ce sont les organes âgés qui manifestent les premiers les signes de la carence, symptômes qui sont d'ailleurs pour l'essentiel ceux de la déshydratation accompagnant immédiatement le départ du potassium (MARTIN et *al*., 1984).

Les résultats ayant donnés suite au dosage du K, sont exposés dans le tableau 27.

Tableau 27: moyenne des teneurs en potassium (%) des différents traitements.

		Doses				Signification
		D.0	**D.1**	**D.2**	**D.3**	
Essences	**Acacia**	0,56	0,61	0,63	0,81	
	Casuarina	0,40	0,44	0,50	0,55	*T.H.S*
	Eucalyptus	0,41	0,48	0,70	0,70	
Signification		*T.H.S*				Interaction *T.H.S*

CV essence : 3,8%   CV dose : 4,4%

Comme il est le cas pour l'azote et le phosphore, on note des effets très hautement significatifs, que ce soit pour le facteur dose ou le facteur essence, sur la teneur en K dans le végétal.

Pour l'effet dose de la boue sur la teneur des plants en potassium, est très hautement significatif, où il passe de 0,56% avec le témoin à 0,81% avec (D3) pour l'acacia, et de 0,40% en (D0) à 0.55% en (D3) ainsi que de 0,41% en (D0) à 0,70% en (D3), respectivement pour le casuarina et l'eucalyptus (Figure 28).

Dans ce cas, on remarque que la teneur en K pour l'acacia est toujours en ascension avec les doses de boue, tandis que pour le casuarina et l'eucalyptus elles stagnent respectivement à 0,50% et 0,70%, est ceci à partir de (D2). Nous désignons ces valeurs comme teneurs optimales en K pour les essences concernées. Ces teneurs sont largement en dessous des normes citées par CHAPMAN et *al* (1966) in MARTIN et *al* (1984)

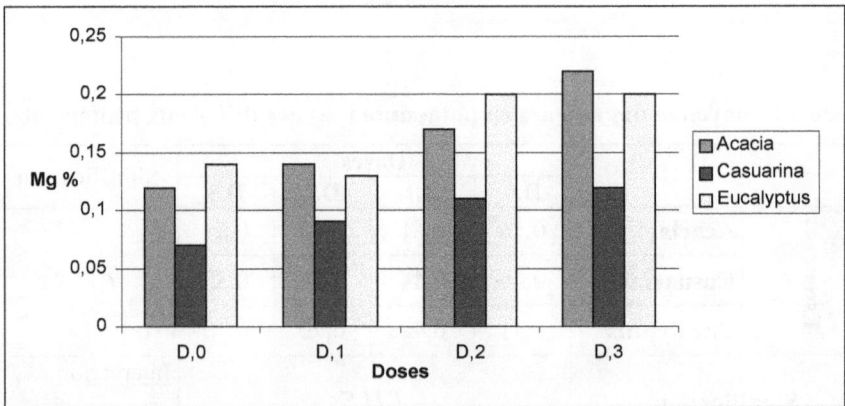

Figure 28 : Teneurs des feuilles en Potassium en fonction des doses

3.3.4.1.4. Le Magnésium

La teneur en Mg tend à augmenter avec l'âge (comme Ca) qu'à diminuer (comme K). Sa carence se manifeste plutôt sur les vieilles feuilles (MARTIN et *al.*, 1984).

Selon HUGUET et COPPENET (1992), le magnésium est présent dans les feuilles des arbres avec des teneurs qui vont normalement de 0,09 à 0,23% (par rapport à la matière sèche) suivant l'espèce. Le tableau 28, présente les teneurs de Mg dans les différents traitements.

Tableau 28 : moyenne des teneurs en Magnésium (%) des différents traitements.

		Doses				Signification
		D.0	**D.1**	**D.2**	**D.3**	
Essences	**Acacia**	0,12	0,14	0,17	0,22	
	Casuarina	0,07	0,09	0,11	0,12	*S*
	Eucalyptus	0,14	0,13	0,20	0,20	
Signification		*S*				Interaction *S*

CV essence : 19,1%   CV dose : 12,9%

Pour l'effet des doses de la boue sur la teneur des plants en Magnésium, il est significatif. Il passe de 0,12%, 0,07% et 0,14% pour le témoin à 0,22%, 0,12% et

0,20% pour la dose (D.3), respectivement pour l'acacia, Casuarina et l'eucalyptus (Figure 29). Aussi l'effet de l'essence est significatif, ainsi que l'interaction entre les deux facteurs qui est significatif aussi.

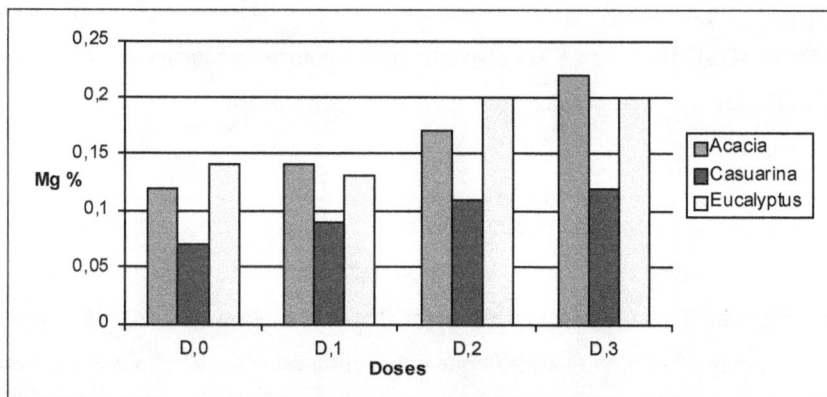

Figure 29 : Teneurs des feuilles en Magnésium en fonction des doses de boue

Dans ce cas, on remarque que la teneur en Mg pour les trois essences, est toujours en ascension avec les doses de boue, mais pour l'eucalyptus elle se fixe à 0,20% et ceci à partir de (D.2), où cette valeur peut être la teneur optimale pour l'eucalyptus ou sinon due au fait d'un antagonisme K/Ca/Mg. Ces teneurs sont largement en dessous des normes citées par   CHAPMAN et *al* (1966)in MARTIN et al (1984) (Annexe 03).

3.3.4.1.5. Le Calcium

Le tableau 29 présente les teneurs en Ca dans les différents traitements.

Tableau 29 : moyenne des teneurs en Calcium (%) des différents traitements.

		Doses				Signification
		D.0	**D.1**	**D.2**	**D.3**	
Essences	**Acacia**	1,60	0,66	0,74	1,16	
	Casuarina	0,19	0,25	0,21	0,40	*T.H.S*
	Eucalyptus	1,30	1,48	1,38	1,46	
Signification		*T.H.S*				Interaction *T.H.S*

CV essence : 10,1%   CV dose : 9,2%

Pour l'effet dose de boue sur la teneur des plants en Calcium, il est très hautement significatif. Les teneurs en Calcium pour les différents traitements sont en dents de scie (Figure 30), avec une teneur maximale de 1,60% en (D0) pour l'acacia et 0,40% en (D3), 1,48% en (D1) respectivement pour le casuarina et l'eucalyptus. Toutefois l'effet de l'essence est très hautement significatif, même chose pour le facteur essence.

Dans ce cas, on remarque que la teneur en Ca pour les trois essences n'est pas stable. Nous pouvons expliquer cela par la faible mobilité de cet élément, une probable relation d'antagonisme, spécialement avec le potassium. MARTIN et *al* (1984) révèlent que la fonction antitoxique du calcium est assez générale et s'exerce à l'égard du potassium : antagonisme inter- cationiques vis-à-vis des hautes teneurs localisées en K. En outre, le K intoxique indirectement la plante en favorisant trop la perméabilité cellulaire, le calcium contrebat cette influence en diminuant la perméabilité.

Ces teneurs sont largement en dessous des normes de CHAPMAN et *al* 1966 in MARTIN et *al* (1984) (Annexe 03).

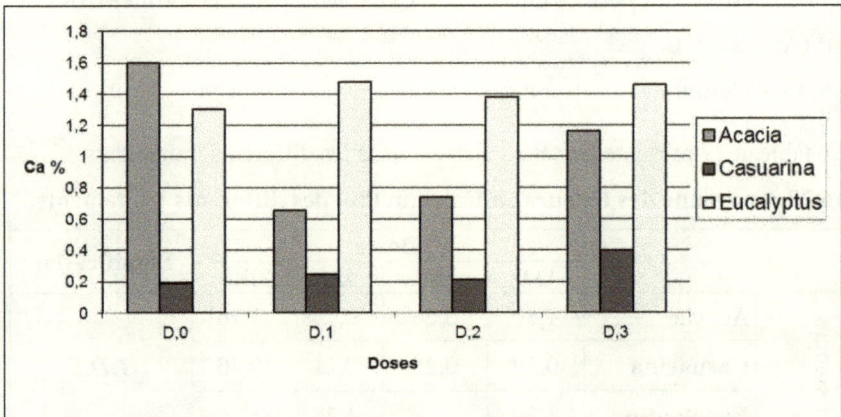

Figure 30 : Teneurs des feuilles en calcium en fonction des doses

3.3.4.2. Résultats et interprétation d'analyses des éléments traces

Selon BOCKMAN et *al* (1990), les fonctions métaboliques de ces éléments sont variées et essentielles chez les plantes. A titre d'exemple, les métaux interviennent dans la constitution des enzymes. Les principales formes chimiques de ces éléments absorbés par la plante sont présentées dans le tableau 30.

Tableau 30: formes chimiques des éléments traces.

Macro-éléments	Forme chimique
Chlore (Cl)	Cl^-
Fer (Fe)	Fe^{++}
Manganèse (Mn)	Mn^{++}
Zinc (Zn)	Zn^{++}
Cuivre (Cu)	Cu^{++}
Bore (B)	H_3BO_3
Molybdène (Mo)	MoO_4^{++}

Dans notre cas, nous allons étudier : Na, Cu, Zn et Mn où les résultats de leur dosage sont repris dans les tableaux 32, 33, 34 et 35. Nous signalons l'existence du Cadmium sous formes de traces.

3.3.4.2.1. Le Sodium

Selon MARTIN et *al* (1984), à la différence du Chlore, le sodium n'est indispensable à aucune plante cultivée (c'est un élément facultatif). Pourtant les propriétés de l'atome de Na, sont très voisines de celles de K, il peut remplacer ce dernier dans ses rôles généraux chez certaines plantes qui lui sont tolérantes, dans le cas ou la nutrition potassique est convenable ou déficiente. Il est utile de noter que peu de travaux ont étudié cet élément dans les plantes forestières, où on à tendance à le négliger dans les diagnostiques foliaires.

Lorsque les teneurs de Na, se situent dans le même ordre de grandeur que celles du trio K-Ca-Mg, le Na agit indirectement car les antagonismes se jouent alors sur quatre (MARTIN et *al*., 1984).

Le tableau 31 présente les teneurs en Na dans les différents traitements étudiés, Ces teneurs sont largement en dessous des normes de CHAPMAN et *al* 1966(in MARTIN et *al.,*1984).

Tableau 31 : moyenne des teneurs en Sodium (%) des différents traitements.

		Doses				Signification
		D.0	**D.1**	**D.2**	**D.3**	
Essences	**Acacia**	0,50	0,92	1,31	1,25	
	Casuarina	0,56	1,30	1,94	1,86	*S*
	Eucalyptus	1,11	1,11	1,23	1,44	
Signification		*S*				Interaction *S*

CV essence : 3,1%   CV dose : 6,3%

L'effet des doses de boue sur la teneur des plants en Sodium, est significatif, où il passe de 0,50%, 0,56% pour le témoin à 1,31%, 1,94% pour (D.2), respectivement pour l'acacia et le Casuarina et de 1,11% (D.0) à 1,44% en (D.3) pour l'eucalyptus (Figure 31). Cela ne peut être expliqué seulement par la diminution de l'absorption de cet élément par l'Acacia et le Casuarina, mais a une éventuelle migration de cet élément vers les racines. Selon MARTIN et *al* (1984), en plus de tout cela le casuarina est une plante halophyte, donc elle peut s'adapter à ce genre de conditions. Certaines plantes laissent leurs organes aériens s'enrichir en sodium alors que d'autres le bloque, ou le refoule après une première migration aérienne, aux niveaux de leurs racines.

L'effet de l'essence est significatif, ainsi que l'interaction entre les deux facteurs (essence x dose) qui est significatif aussi.

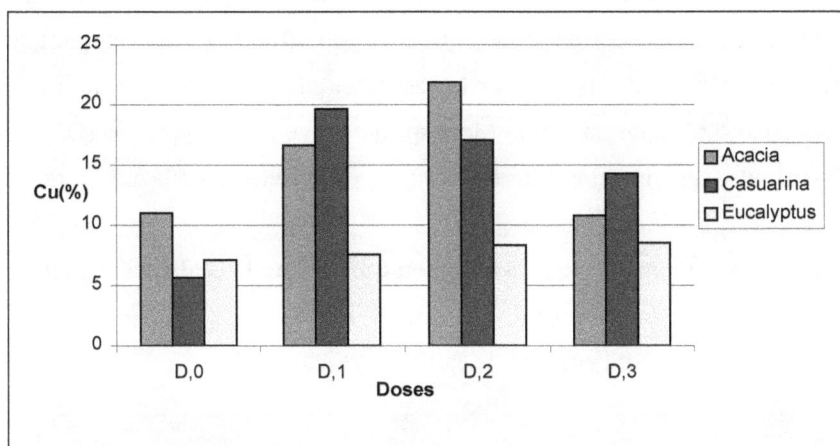

Figure 31 : Teneurs des feuilles en cuivre en fonction des doses

3.3.4.2.2. Le Cuivre

Le cuivre des végétaux supérieurs, est assez peu mobile et surtout renfermé dans les chloroplastes. Il intervient sur la synthèse des acides nucléiques et sur le métabolisme glucidique, protéique et lipidique, par des voies enzymatiques (MARTIN et *al*., 1984).

Le tableau 32 présente les teneurs en Cuivre dans les différents traitements. Ces teneurs sont largement en dessous des normes citées par CHAPMAN et *al* (1966) in MARTIN et *al* (1984).

Tableau 32 : moyenne des teneurs en Cuivre (ppm) des différents traitements.

		Doses				Signification
		D.0	**D.1**	**D.2**	**D.3**	
Essences	**Acacia**	11,02	16,65	21,83	10,80	
	Casuarina	5,67	19,66	17,07	14,31	*S*
	Eucalyptus	7,11	7,55	8,35	8,56	
Signification		*S*				Interaction *S*

CV essence : 7,1%   CV dose : 8,6%

101

Pour l'effet du facteur doses de boue sur la teneur des plants en cuivre, il est significatif. Pour l'acacia elle passe de 11,02 ppm en (D0) à 21,83 ppm en (D2), puis elle chute en (D3) à 10,80 ppm. Pour le casuarina elle atteint 17,07 ppm en (D2) après avoir été 5,67 ppm en (D1). Alors quelle arrive à 8,56 ppm en (D3) pour l'eucalyptus avec une moindre différence par apport à celle de (D0) qui est de 7,11 ppm

Dans ce cas, on remarque que la teneur en Cuivre pour l'eucalyptus, est toujours en ascension avec les doses de boue, alors quelle arrive à son maximum en (D.2) et (D.1) respectivement, pour l'acacia et le casuarina (Figure 32).

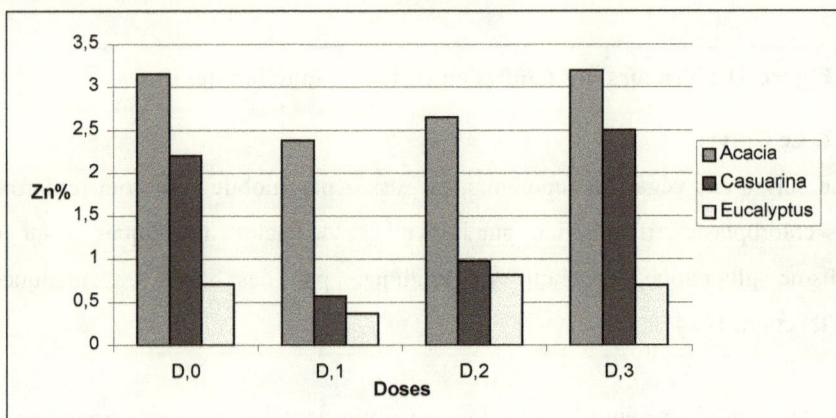

Figure 32 : Teneurs des feuilles en zinc en fonction des doses

3.3.4.2.3. Le Zinc

Le rôle majeur du zinc chez les plantes est en relation avec l'auxine (MARTIN et al., 1984). Juste après un apport de zinc aux plantes carencées se traduit, rapidement par une augmentation de la teneur en auxine. Par contre la carence en zinc se traduit par un nanisme (COÏC et COPPENET, 1989).

Le tableau 33 présente les teneurs en Cuivre pour les différents traitements. Ces teneurs sont largement en dessous des normes de CHAPMAN et al (in MARTIN et al., 1984).

Tableau 33 : moyenne des teneurs en Zinc (ppm) des différents traitements.

		Doses				Signification
		D.0	**D.1**	**D.2**	**D.3**	
Essences	**Acacia**	3,15	2,38	2,65	3,19	
	Casuarina	2,20	0,57	0,98	2,50	*T.H.S*
	Eucalyptus	0,71	0,37	0,82	0,31	
Signification		*T.H.S*				Interaction *T.H.S*

CV essence : 14,1%   CV dose : 8,5%

L'effet du facteur dose sur la teneur des feuilles en zinc, est très hautement significatif, même chose est remarquée pour l'effet du facteur essence. Les teneurs passent et par ordre de 3,15 ppm, 2,20 ppm et 0,71 ppm en (D.0) à 3,19 ppm, 2,50 ppm en (D.3) et 0,82 (D.2), respectivement pour l'acacia, casuarina et l'eucalyptus. Malgré que pour les deux premières essences les teneurs diminuent en (D.1) et (D.2) (Figure 33).

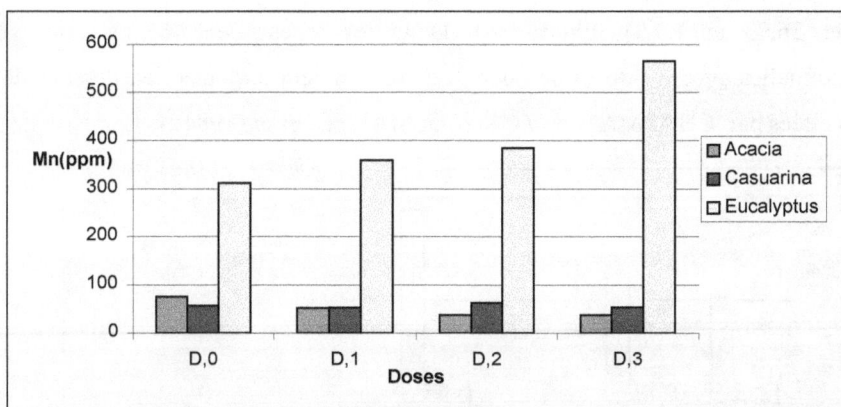

Figure 33 : Teneurs des feuilles en Zinc en fonction des doses

3.3.4.2.4. Le Manganèse

Le tableau 34, présente les teneurs en manganèse dans les différents traitements.

Tableau 34:moyenne des teneurs en Manganèse (ppm) des différents traitements.

		Doses				Signification
		D.0	**D.1**	**D.2**	**D.3**	
Essences	**Acacia**	75,02	52,01	37,40	36,93	
	Casuarina	56,53	52,59	62,40	53,51	*T.H.S*
	Eucalyptus	311,71	358,93	384,44	565,03	
Signification		*T.H.S*				Interaction *T.H.S*

CV essence : 2,6%   CV dose : 2,8%

Suivant les valeurs du C.V, nous pouvons dire que l'essai est précis pour les deux facteurs. L'effet de ces deux facteurs sur la teneur des feuilles en Manganèse est très hautement significatif. Les teneurs augmentent de 311,71 ppm et 56,53 ppm en (D.0) à 565,03 en (D.3) et 62,40 ppm en (D.2) respectivement pour l'eucalyptus et le casuarina. Alors quelle tend à se diminuer pour l'acacia, où elle est 75,02 ppm en (D.0) et 36,93 en (D.3) (Figure 34). Donc les teneurs en Mn ne sont pas proportionnelles avec les doses de boue. Ces teneurs sont largement en dessous des normes citées par CHAPMAN et *al* (1966) in MARTIN et *al* (1984).

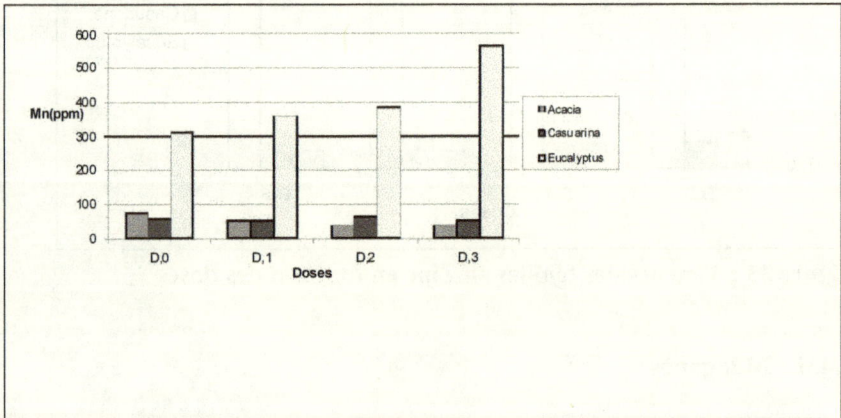

Figure 34 : Teneurs des feuilles en manganèse en fonction des doses

Conclusion :

L'utilisation des boues résiduaires urbaines, comme amendement pour les plantes forestières a plusieurs effets sur le végétal. Ceci du point de vue nutrition minérale, où nous pouvons faire sortir quelques conclusions partielles, concernant l'effet de la boue sur la nutrition minérale des végétaux « feuilles »:

- Augmente la teneur des végétaux en azote, phosphore et potassium.
- Augmente la teneur des végétaux en magnésium.
- Pour le Ca et le Na l'effet n'est pas stable, vu qu'il diffère d'une essence à une autre mais en général nous pouvons dire que les teneurs des ces deux éléments ont tendance à augmenter.
- Pour le reste des éléments traces à savoir le Cu, Zn, Mn, vu leurs faibles présence dans la boue utilisée, nous constatons que leurs teneurs dans les végétaux sont plus ou moins proche à celles des témoins, où elles ont tendance à augmenter quelques fois et de diminuer dans d'autres cas.

Tous ces éléments nous poussent à dire que l'effet des boues sur la nutrition minérale de nos végétaux étés très positif, aussi nous pouvons dire que la possibilité de l'accumulation des métaux lourds dans le végétal, est probable vu l'augmentation légère de leur teneurs dans le végétal, cela est du sans le moindre doute à leur faible présence dans les boues utilisées, chose qui n'est pas toujours respectée dans d'autres cas avec d'autres boues.

3.3.5. Etude de quelques corrélations

3.3.5.1. Matrice de corrélation

Le tableau 35 expose toutes les corrélations existantes entre les différentes variables étudiées dans cette expérience, allant des relations justes corréler aux relations les plus bien corréler, où nous avons 107 corrélations dont:

- 35 relations justes corréler.
- 32 relations bien corréler.

- 39 relations très bien corréler.

3.3.5.2. Relation entre le pH et d'autres paramètres

A partir des résultats précédant, nous avons remarqué que le pH tend à diminué chaque fois qu'on augmenté la dose de boue et vu que le pH joue un rôle primordial dans dynamique et la solubilité des éléments minéraux, il ressort et à travers l'étude des corrélations que le pH est pratiquement corréler avec la majorité des paramètres étudiés.

3.3.5.2.1. Relation entre le pH et le taux de matière organique

La relation entre le pH du sol et le taux de matière organique pour les différents traitements, est inversement proportionnelle avec une très bonne corrélation (tableau 36), (R = - 0,93). Chaque fois que le taux de matière organique augmente, nous avons une diminution du pH, chose vu précédemment, où lorsque l'apport de boue augmente il y'a diminution du pH. La courbe de régression montre ce phénomène (Figure 35).

3.3.5.2.2. Relation entre le pH et le taux du phosphore du sol

L'étude de la relation entre ces deux paramètres, montre une très forte corrélation (R = -0,92), où nos analyses montrent que le phosphore du sol tend à augmenter, chose qui est à l'opposé au pH, qui est en décroissance par rapport aux doses de boue apportées. Cette relation entre ces deux paramètres est illustrée dans la courbe de régression (Figure 36).

3.3.5.2.3. Relation entre le pH et le taux du Sodium du sol

La relation entre ces deux paramètres est aussi très forte (R = -0,91), où la aussi les teneurs du sol en Na, dans déférent traitement est en croissance, la courbe de régression (Figure 37), présente clairement cette relation.

3.3.5.2.4. Relation entre le pH et la teneur du sol en Cadmium

La relation entre le pH et la teneur du sol en Cadmium, est la plus forte parmi toutes les corrélations étudiées (R = -0,96), où la teneur du sol en Cd augmente

106

malgré que le pH diminue (Figure 38), chose qui normalement devait faciliter est stimuler la dynamique de cet élément vers la plante, mais les analyses foliaires ont montré que le Cd, se trouve sous forme de traces dans les feuilles. Donc ceci s'explique par l'apport croissant de boue, cette dernière contient cet élément avec une petite concentration, mais qui reste influente surtout sur un sol, comme le nôtre " absence totale du Cd".

3.3.5.3. Relation entre la matière organique et teneurs des différents minéraux

Sachant que la boue apportée à notre sol est riche en azote, phosphore, Magnésium, et en Zinc, il est évident, que chaque fois qu'on augmente la quantité apportée, nous aurons de l'autre côté une élévation des taux de ces éléments dans notre sol, chose confirmée par l'étude de la relation entre ces paramètres qui révèle :

- Une très forte corrélation, avec la teneur du sol en azote (R = 0,96) (Figure 39).
- Une très forte corrélation, avec la teneur du sol en phosphore(R = 0,95) (Figure 40).
- Une très forte corrélation, avec la teneur du sol en magnésium (R = 0,92) (Figure 41).
- Une très forte corrélation, avec la teneur du sol en zinc (R = 0,96) (Figure 42).
- Une très forte corrélation, avec la teneur du végétal en phosphore (R = 0,94) (Figure 43).

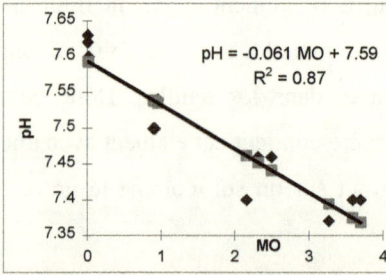
Figure 35: Relation entre pH et matière organique

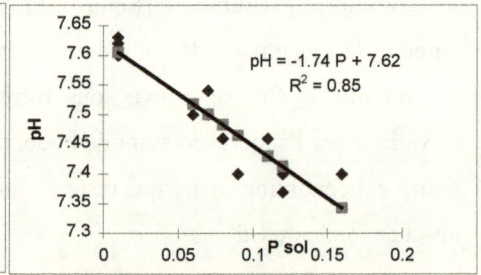
Figure 36: Relation entre pH et la P du sol

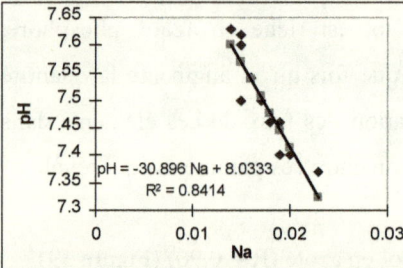
Figure 37: Relation entre pH et le Na du sol

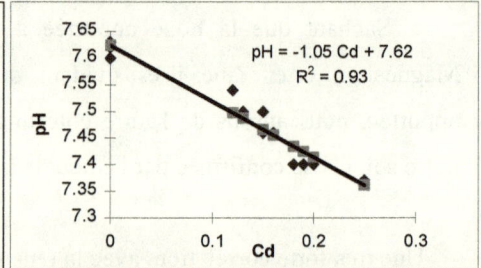
Figure 38: Relation entre pH et le Cd du sol

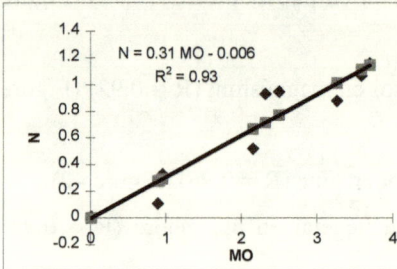
Figure 39: Relation entre la M Org et N (sol)

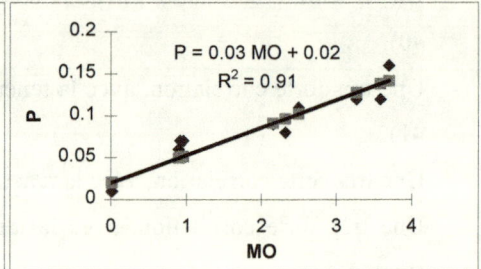
Figure 40: Relation entre la M Org et P (sol)

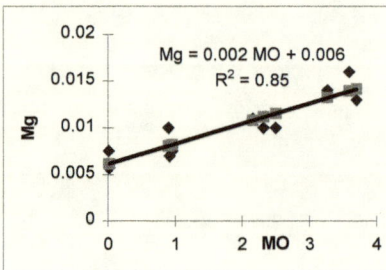
Figure 41: Relation entre la M Org et Mg (sol)

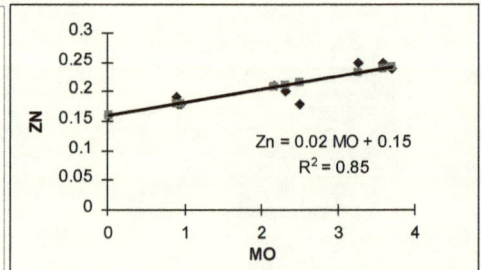
Figure 42: Relation entre la M Org et Zn (sol)

108

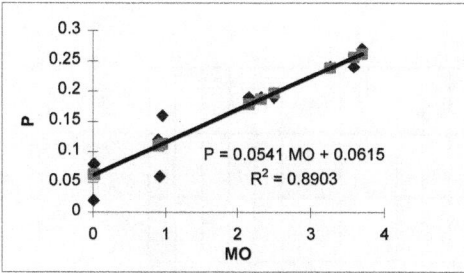

Figure 43: Relation entre la matière organique et P (vég)

Tableau 35: Matrice de corrélation

	Haut	pH	CE	MO	N.sol	K.sol	P.sol	Ca.sol	Mg.sol	Na.sol	Zn.sol	Cd.sol	N.vég	P.vég	K.vég	Mg.vég	Ca.vég	Na.vég	Cu.vég	Zn.vég	Mn.vég
Haut	1																				
pH	-0,388	1																			
CE	-0,114	-0,748	1																		
MO	0,404	-0,535	0,806	1																	
N.sol	0,399	-0,850	0,772	0,967	1																
K.sol	-0,038	-0,717	0,758	0,770	0,667	1															
P.sol	0,564	-0,922	0,641	0,956	0,918	0,677	1														
Ca.sol	-0,611	0,754	-0,428	-0,783	-0,659	-0,504	-0,884	1													
Mg.sol	0,252	-0,885	0,846	0,923	0,826	0,886	0,838	-0,889	1												
Na.sol	0,294	-0,917	0,821	0,876	0,785	0,656	0,783	-0,592	0,888	1											
Zn.sol	0,242	-0,906	0,851	0,922	0,811	0,863	0,861	-0,742	0,954	0,852	1										
Cd.sol	0,362	-0,968	0,708	0,862	0,771	0,630	0,881	-0,773	0,825	0,888	0,854	1									
N.vég	0,818	-0,297	0,125	0,486	0,527	0,096	0,537	-0,496	0,354	0,297	0,319	0,220	1								
P.vég	0,559	-0,884	0,747	0,944	0,908	0,857	0,910	-0,736	0,887	0,879	0,874	0,827	0,832	1							
K.vég	0,784	-0,719	0,353	0,722	0,660	0,340	0,778	-0,690	0,680	0,651	0,654	0,644	0,729	0,815	1						
Mg.vég	0,824	-0,657	0,224	0,628	0,541	0,298	0,675	-0,605	0,572	0,682	0,578	0,594	0,665	0,752	0,897	1					
Ca.vég	0,489	-0,084	-0,185	-0,037	-0,181	-0,105	-0,023	-0,070	0,105	0,227	0,087	0,046	0,259	0,158	0,410	0,611	1				
Na.vég	-0,018	-0,720	0,780	0,734	0,758	0,666	0,843	-0,421	0,733	0,874	0,864	0,711	-0,002	0,857	0,169	0,193	-0,312	1			
Cu.vég	0,148	-0,213	0,111	0,248	0,405	0,019	0,333	-0,281	0,011	0,003	-0,020	0,244	0,048	0,192	0,082	-0,114	-0,524	0,400	1		
Zn.vég	0,291	0,127	-0,038	0,119	0,217	0,011	0,129	-0,088	-0,037	-0,197	-0,038	-0,259	-0,833	0,154	0,319	0,043	-0,118	-0,302	0,223	1	
Mn.vég	0,047	-0,273	0,129	0,071	-0,111	0,108	0,020	-0,063	0,284	0,485	0,277	0,334	-0,191	0,144	0,158	0,443	0,658	0,062	-0,581	-0,715	1

: corréler   0,5760 < r < 0,7079

: bien corréler   0,7079 < r < 0,8233

: Très bien corréler   r > 0,8233

CONCLUSION GENERALE

La caractérisation des boues résiduaires, produites à la station d'épuration de Gassi-Touil, nous a permis de confirmer leur richesse en azote et un peu mois en phosphore, ainsi que leur teneur relativement faible en potassium. Tandis que les métaux lourds sont présents, mais sans dépasser les normes qui permettent aux boues d'être destiner à la valorisation agricole. Ce qui signifie que les boues résiduaires de la STEP de Gassi-Touil peuvent constituer, un excellent fertilisant pour les plantes forestières.

Les résultats obtenus après six mois d'expérimentation, ne peuvent être que partiels. Néanmoins, un certain nombre d'enseignements peuvent être tiré :

L'expérimentation, que nous avons menée, va dans le même sens que les essais rapportés par la bibliographie, où l'effet de l'utilisation des boues comme fertilisant avait favorisé la croissance en hauteur de nos trois essences à savoir l'*Acacia cyanophylla*, *Casuarina equisetifolia* et l'*Eucalyptus rostrata (camaldulensis)*, mais à des degrés différents vu qu'on arrive à un point d'indifférence, en dose D.3 pour les deux dernières essences, chose due à leur non-exigence en amendements. Alors que c'est tout à fait le contraire pour l'acacia où la croissance est toujours proportionnelle à l'apport massif de boue cela est dû à la grande croissance de la partie aérienne.

L'effet de l'épandage de la boue sur un sol sableux, est très bénéfique, vu qu'après la période expérimentale, on observe beaucoup de changement surtout de point de vue richesse du sol en minéraux, tel que l'azote et le phosphore ainsi qu'en magnésium, sodium et zinc. Malgré la faible teneur des boues en métaux lourds nous constatons la présence du cadmium, ainsi que le manganèse et le cuivre sous forme de traces ce qui n'est pas influent sur notre sol.

111

L'épandage des boues résiduaires par des doses croissantes, fait augmenter d'une part les teneurs en sels dissous (C.E), le carbone organique (matière organique) et d'autre part on note une diminution légère du pH.

L'étude de la nutrition minérale de nos plants, a montré que l'effet de l'utilisation des boues comme amendement est très positif. On constate une augmentation des teneurs des végétaux (trois essences) en azote, phosphore, potassium et en magnésium, alors que pour le calcium et le sodium l'effet n'est pas stable malgré qu'il vire généralement vers l'augmentation. Pour les éléments traces à savoir le cuivre, zinc et le manganèse ils sont proches à ceux des témoins.

Nous pouvons conclure que l'amélioration de la croissance de ces trois essences, est due, essentiellement à une amélioration de la nutrition minérale surtout la nutrition azotée et phosphatée.

Notre étude a démontré, que les risques potentiels (accumulation de métaux lourds), ne constituent pas d'obstacles majeurs à l'utilisation des boues résiduaires de la station d'épuration de Gassi-Touil, comme amendement pour les plantes forestières dans les zones arides, où ces dernières couvrent dans la majorité des cas des sols très pauvres. Il faut cependant que les boues soient stabilisées et que les concentrations de substances indésirables ne soient pas trop élevées.

Les boues résiduaires de la STEP de Gassi-Touil, ne pose aucune menace sur l'environnement. Elles sont par contre menacées par l'ignorance, les rumeurs non fondées et les probables échecs d'utilisateurs mal conseillés, ainsi qu'à une certaine réticence.

Cependant, il aurait été intéressant de dresser des bilans mensuels, pour les teneurs des différents éléments dans le végétal, cela pour mieux cerner cette possibilité d'accumulation des métaux lourds dans les feuilles de nos plants. Malgré que ces teneurs puissent être ignorés vu que ces feuilles n'entrent pas dans un cycle alimentaire des animaux, sauf pour l'acacia qui est utilisé comme fourrage de bétail.

Les résultats obtenus, surtout concernant l'augmentation du rendement en croissance, ne peuvent être extrapolé en milieu naturel, où plusieurs autres facteurs sont à prendre en considération, à cause de la complexité de l'écosystème saharien.

En, perspectives, nous suggérons la continuité et l'élargissement de cet axe de recherche qui reste au contraire à d'autres régions, toujours vierge dans les régions arides. Ceci pour plus de précision, en vue de la valorisation des boues résiduaires urbaines. Sachant que durant ces dernières années l'Etat s'intéresse de près aux problèmes de ces stations d'épuration, où nous assistons à la plantation et la réhabilitation des stations d'épuration un peu partout en Algérie surtout dans les régions Sahariennes. Chose positif pour l'assainissement de notre environnement, mais d'un autre coté il y'aura toujours ces boues résiduaires à éliminer, donc, il faut prendre la sage décision, qui reste à notre sens la valorisation de ce produit en sylviculture, surtout en voyons la reprise des projets de plantations des arbres forestiers en forme de ceintures à l'intérieur et à l'extérieur des agglomérations.

REFERENCES BIBLIOGRAPHIQUES

ABBOU A., 1991- Utilisation des boues résiduaires dans la préparation du substrat en vue de la production de plants forestiers : cas du pin maritime et du robinier faux acacia. Mém Ing, I.N.A, Alger, 41p.

AFNOR., 1985- Boues des ouvrages de traitement des eaux usées urbaines. Paris, 25p.

A.N.R.E.D., 1982- La valorisation agricole des boues de stations d'épuration. Direction de la prévention des pollutions, 61p.

A.N.R.H., 1999 - Ressources en eaux de la wilaya de Ouargla, 05p.

AUBERT G., 1978 - Méthodes d'analyses des sols. Edit : C.R.D.P, Marseille, 189p.

AXXIO., 2000- Environnement et nuisances. Edit : Clartés, Paris, 157p.

BACI L., 1982 – Contribution à l'étude de salinisation des sols du Hodna (wilaya de M'sila). Mém Ing, I.N.A, Alger, 100p.

BAIZE D., 1988 - Guide des analyses courantes en pédologie (choix- expression – présentation – interprétation). I.N.R.A, Paris, 172p.

BAIZE D., 2000 - Guide des analyses courantes en pédologie, 2ème édition revue et augmentée. I.N.R.A., Paris, 257p.

BANTOUX J., 1993 – Introduction à l'étude des eaux douces : qualité et santé. 2ème édition. CEDOC éditeur, 118p.

BARIDEAU A., 1986 -Les boues d'épuration menace pour 'environnement ou matière première pour l'agriculture, Bull. Rech. Agro, Gembloux, Vol 3 n°21, pp 369-382.

BAZI M., 1992 -Valorisation agricole des boues de stations d'épuration : incidences sur quelques propriétés chimiques du sol. Mém Ing, I .N.A, Alger, 40p.

B.N.E.D.E.R., 1992 -Etude du schéma directeur de développement et la mise en valeur dans la wilaya de Ouargla, hydrogéologique, Tipaza, 23p.

BOCKMAN O.C, KAARSTED O, LIE O.H et RICHARDS I., 1990 – Agriculture et fertilisation – les engrais – leur avenir, Edit: Tangen Grafiske senter, Oslo, 258p.

BOND G & WHEELER C.T., 1980-Non legume nodule system, University of Glasgow, Scotland, Edit: Bergersen, pp 185-210.

BORRAZ O., 2000- L'utilisation des boues d'épuration en agriculture: les ressorts d'une controverse in Le Courrier de l'environnement N°41, INRA, Paris, 06p.

BOUDY P., 1952- Guide du forestier en Afrique du Nord, Edit: La maison rustique, Paris, 505p.

CARLIER J., 1982- Encyclopédie visuelle des arbres, Edit : Bordas, Bruxelles, 255p.

COILLARD J, LEHY J.B, RICHAUD F, VERMANDE P, VUILLERMOZ A., 1988-Evaluation rapide de la valeur agronomique des boues des stations d'épuration d'effluents domestiques. L'eau (83) n° 07, pp401-408.

COUILLARD C & GRENIER Y., 1988-Alternance à la gestion des boues résiduaires municipales : recyclage en sylviculture. Scien. Tec. de l'eau, Vol 20, n°3, pp 215-220.

COYNE P., 1973 –some aspects of auto ecology of casuarinas, with particular reference to nitrogen fixation, University of Canberra, Australia.

DAOUD Y & HALITIM A., 1994 -Irrigation et salinisation au Sahara algérien, Sécheresse vol 5 n°3, pp 151-160.

DEGREMONT., 1989 a - Mémento technique de l'eau, Tome I. Edit : Lavoisier technique et documentation, Paris, 592p.

DEGREMONT., 1989 b - Mémento technique de l'eau, Tome II. Edit : Lavoisier technique et documentation, Paris, 867p.

DEVAUX J et *al.*, 1998-Ecologie approche scientifique et pratique. Edit : Lavoisier Tec et Doc, Paris, 319p.

DI BENDETTO M., 1997- Méthodes spectrométriques d'analyse et de caractérisation, les métaux lourds, ENSM, Saint-Etienne, 49p.

DUBIEF J., 1963-Le climat du Sahara. Mém, Inst. Rech. Saha, Alger, Tome I, 298p.

DUCHAUFFOUR P., 1979- Constituants et propriétés du sol. Edit : Masson, 457p.

DUDKOWSKI A., 2000-L'épandage agricole des boues de stations d'épuration d'eaux usées urbaines in Le Courrier de l'environnement N°41, INRA, paris, 05p.

DURAND J.H., 1983 - Les sols irrigables. Etude pédologique. Edit: Imprimerie Boudin, Paris, 339 p.

DUTIL P., 1971 – Contribution à l'étude des sols et des paléosols sahariens. Thèse de Doct. és Sciences de l'université de Strasbourg, 346p.

EL-EUCH., 1997-Role de l'acacia cyanophylla dans l'alimentation du cheptel en Tunisie, ministère de l'agriculture, Tunis, 04p.

EL-LAKANY M.H & LUAND E.J., 1982- comparative salt tolerance of selected casuarinas species, Aust. For. Res, Vol 13, pp 11-20.

E.N.T.H., 1991- Réalisation d'une station d'épuration pour les eaux usées de Gassi-Touil, 97p.

EPSTEIN E, TAYLOR J.M & CHANEY R., 1976 - Effects of sweage sludge and sludge compost applied to soil on some soil physical and chemical properties. Jou .Envi. Qual, Vol 5 n°4, pp 422-426.

GAMRASNI M., 1979- Utilisation agricole des boues d'origine urbaine, Ass. Fra. Etudes des eaux, 137p.

G.D.E.L., 1983- Grands Dictionnaires Encyclopédies Larousse. Edit : Librairie Larousse, Paris.

GRENIER Y., 1989- La valorisation des boues d'usine d'épuration des eaux pour la fertilisation des forêts, mém Ing, Rech. Forest, Canada, 189p.

GOUDJIL B., 1992 - Etude expérimentale de la mobilisation microbienne d'éléments minéraux (N.P.K) de boue résiduaire de la station de Barika, rôles des microflores complexes (sols-boues) et des matières organiques (pailles racines). Mém Ing, Université de Batna, 83p.

GUCKERT R et MOREL J.L., 1981 - Influence of limed sludge on soil organic matter and soil physical proprieties. Reidel publishing company, Holland, Vol 16, pp 25-42.

HADDOUCHE I., 1991 - Etude de la valeur fertilisante des boues issues de la station d'épuration de Baraki : leur aptitude à libérer l'azote et le phosphore, Mém Ing, I.N.A, Alger, 50p.

HAMMOUCHE S, SAADI N., 1988 - Contribution à l'étude de la valorisation agricole des boues résiduaires issues de la station d'épuration de Baraki : problèmes liés à la présence des métaux lourds et des germes pathogènes. Mém Ing, U.ST.H.B, Alger, 75p.

HUGUET C et COPPENET M., 1990 – Le magnésium en agriculture, Edit : I.N.R.A, Paris, 270p.

IDDIRI F & KADID N, 1993 - Possibilité de valorisation des boues résiduaires en agriculture : cas de la station d'épuration de Baraki. Mém Ing, I.N.A, Alger, 127p.

IGOUD S., 1991 - Contribution à l'étude des boues résiduaires issues de station d'épuration urbaine dans les plantations forestières. Mém Ing, I.N.A, Alger, 33p.

IMPENS R. BAUDUIN M, DELCARTE E & BARIDEAU L., 1989 - La présence des métaux lourds est un obstacle au recyclage de la matière organique en agriculture, Fac. Sci. Agro, Gembloux, 13p.

JACQUIN F & MOREL J.L., 1976 - Détermination de l'aptitude à la biodégradation de boues résiduaires d'origine diverses action sur les propriétés physico-chimiques du sol, 10p.

JACQUIN F & MOREL J.L., 1980 - Etude sur l'influence du type de sol et des techniques de traitement des boues sur leur évolution dans les sols. Les problèmes du carbone et du phosphore, compte rendu de fin de contrat E.N.S.A.I.A, Nancy, 25p.

LASSEE C., 1985 a - Analyse des boues, Tome I ; Généralités et analyses physiques, Ass. Fra. Etudes des eaux.

LASSEE C., 1985 b - Analyse des boues, Tome II ; analyses chimiques, Ass. Fra. Etudes des eaux.

LE HOUEROU H.N., 1995 – Bioclimatologie et biogéographie des steppes arides du Nord de l'Afrique « diversité biologique développement durable et désertisation », Options méditerranéennes, série B, N°10, Montpellier, 396p.

LEMAIRE F, MEIGNAN J & MORICHON R., 1983 - Epandage de boues de station d'épuration sur un sol sableux supportant une rotation fourragère ou une rotation légumière en région saumuroise. Bulletin science du sol, n°22, pp 123-134.

LETACON E., 1978 - Valorisation des boues résiduaires de la station d'épuration urbaine en sylviculture, conséquence sur l'environnement, I.N.P, Lorraine, 44p.

LOUE A., 1986 - Les oligo-éléments en agriculture. Edit : Agri. Nathan, Paris.336p.

MAAMRIA A., 1991- Etude expérimentale de la biodégradation des boues résiduaires dans certains sols des zones semi-arides. Mém Ing, INESA, Batna, 59p.

MALLAOUI O., 2000- Ouargla aujourd'hui et demain. Edit : A.N.E.P, Alger, 21p.

MARTIN-PREVEL P & GAGNARD j, GAUTIER P ., 1984 - L'analyse végétale dans le contrôle de l'alimentation des plantes tempérées et tropicales. Edit : Lavoisier technique et documentation, Paris, 810p.

M.C.F., 1991 – Mémento de l'agronome, quatrième édition. Edit : M.C, France, 1635p.

M.R.E., 1998-Synthèse sur la situation de l'assainissement et perspectives de développement, 18p.

MOREL J.L., 1978-Boues résiduaires et fertilisation phosphatée, Revue phosphore et agriculture n°73, Nancy, pp 15-22.

MOROT-GAUDRY J.F., 1997 – Assimilation de l'azote chez les plantes – aspects physiologiques, biochimique et moléculaire. Edit : I.N.R.A, Paris, 422p.

MUSTIN M., 1987 – Le compost, gestion de la matière organique. Edit : Francis DUBOSC. Paris, 954p.

O.N.M., 2003-Donneés météorologiques de Ouargla, 3p.

OZENDA P., 1983-Flore du Sahara. Edit : Centre National de la Recherche Scientifique, Paris, 622p.

OZENDA P et al., 1963 – Botanique : anatomie – cycles évolutifs – systématique. Edit : Masson et C^{le} Editeurs, Paris, 1039p.

POMMEL B., 1979-La valorisation agricole des déchets, les boues résiduaires urbaines. Edit: I.N.R.A, Paris, 70p.

RACETTE S & TORREY JG., **1989**-Specificity among the casuariaceae in root nodulation, plant and soil 118, pp 157-164.

REDDELL et al., **1985**-Host frankia specificity within the casuarinaceae, in new phytol, Australia, pp 2-19.

ROSZYK E, SPIAK Z & ROSZYK S., **1989**-The influence of sewage sludge on yield and chemical composition of plants, Polish journal of soil science, vol 2 n°22, pp 80-84.

ROUVILLOIS-BRIGOL M., **1975**-Le pays de Ouargla (Sahara algérien), variation et organisation d'un espace rural en milieu désertique. Edit: Université de la Sorbonne, Paris, 316p.

SAHRAOUI B, HAMIMI S & TABTI W., **1998** - La question du reboisement en Algérie, Sécheresse vol 9, n°1, pp 05-11.

SEIGUE A., **1985**-La forêt méditerranéenne et ses problèmes. Edit : maison Neuve et Larose, Paris, 502p.

SEKOUR K., **1993**-La contribution à l'amélioration de la résistance des sols par les boues (El-Issaouia). Mém Ing, I.N.A, Alger, 51p.

SOLTNER D., **1989** - Les bases de la production végétale. Tome I: Le sol, 17ème Ed. C.S.T.A, Angers, 468 p.

SOLTNER D., **2003** - Les bases de la production végétale. Tome I: Le sol et son amélioration, 23ème Ed. C.S.T.A., Angers, 472p.

SOMMERS L.E., **1977**-Chemical composition of swage sludge an analysis of their potential use fertilizers. Jou. Env. Qual, Vol 05, pp 303-306.

TORREY JG., **1983**-Root developpement and root nodulation in casuarinas IN Casuarinas ecology management and utilisation, C.S.I.R.O, Australia, pp 180-192.

TOUTAIN G., **1979**-Elements d'agronomie saharienne, de la recherche au développement, I.N.R.A, Paris, 276p.

VAN DE MAELE F, VERLOO M & KIEKENS L., **1981**-L'utilisation des boues d'épuration en agriculture avantages inconvénients et directives, Rev Agr, Vol 2, n°34, pp 301-309.

VILAIN M., 1999 – Méthodes expérimentales en Agronomie « pratique et analyse ». Edit : Tec et Doc, Paris, 337p.

ZERROUK F., 1992-Valorisation agricole des boues de stations d'épuration : incidences sur quelques propriétés physiques d'un sol cultivé. Mém Ing, I.N.A, Alger, 62p.

ANNEXES

Annexe 1 :

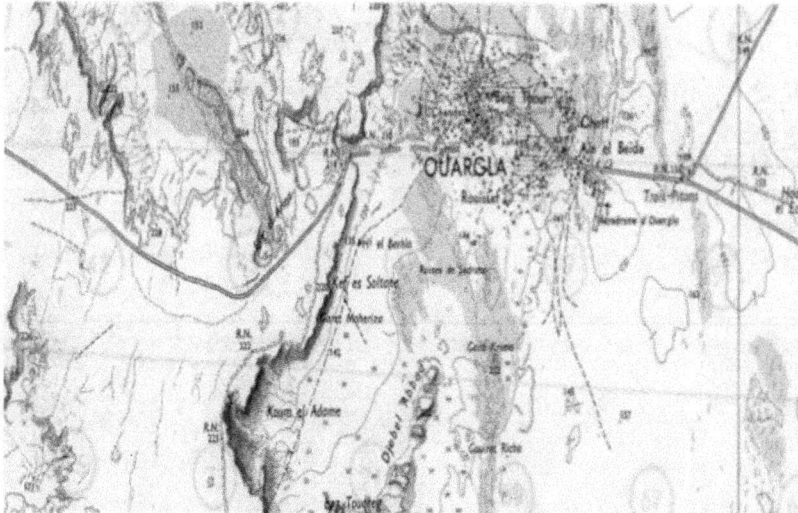

Localisation géographique de la Wilaya de Ouargla (extrait de la carte du Sahara, 1959, feuille de Ouargla au 1/200 000)

Annexe 01 :

a) **Préparation de la solution du végétal**

Minéralisation méthode (A.F.NOR in DI BENDETTO, 1997).

Minéralisation simple: code catalogue : 303   code interne procédure N° PP0903.
500 mg de matériel végétal préalablement séché, sont introduits dans une capsule, cette dernière est placée dans un four dont la température est augmentée progressivement jusqu'à 500°C et qui est ainsi maintenue pendant 2 heures. Après refroidissement, les cendres sont humectées avec quelques gouttes d'eau puis on ajoute 2ml de HCl au1/2. On évapore à sec sur plaque chauffante. Après avoir ajouté 2ml de HCl au ½, on laisse en contact 10 minutes et on filtre dans des fioles jaugées de 50 ml.

Après avoir ajusté au trait de jauge puis homogénéisé par agitation manuelle, nous pouvons procéder au dosage.

Minéralisation par voie sèche: code interne procédure N° PP 0904

Une étape supplémentaire est ajoutée au protocole de simple minéralisation qui consiste à détruire la silice contenue dans les cendres en ajoutant de l'acide fluorhydrique.

La reprise des cendres étant réalisée en deux étapes, l'acidité finale correspond à 3 ml d'acide HCl 6N pour 50 ml.

Résultats des taux de gains mensuels des hauteurs dans différents traitements.

Tableau a- gains des hauteurs mensuelles du casuarina en fonction des doses de boue

Mois / doses	Décembre	Janvier	Février	Mars	Avril	Mai
Dose D0	1,72%	2,79%	3,62%	5,44%	11,85%	18,86%
Dose D1	1,7%	6,4%	10,04%	16,95%	15,23%	19,39%
Dose D2	2,00%	3,96%	12,55%	16,38%	17,99%	21,94%
Dose D3	1,77%	3,56%	8,04%	12,33%	14,30%	19,69%

Tableau b- gains des hauteurs mensuelles de l'eucalyptus en fonction des doses de boue

Mois / doses	Décembre	Janvier	Février	Mars	Avril	Mai
Dose D0	4,23%	16,83%	9,84%	14,36%	18,37%	24,97%
Dose D1	7,15%	23,47%	10,49%	14,87%	17,82%	26,25%
Dose D2	1,73%	13,47%	19,66%	23,53%	20,01%	27,84%
Dose D3	3,52%	19,45%	17,46%	15,32%	17,16%	24,60%

Tableau c- gains des hauteurs mensuelles de l'acacia en fonction des doses de boue

Mois / doses	Décembre	Janvier	Février	Mars	Avril	Mai
Dose D0	0,36%	3,73%	10,67%	12,69%	28,05%	36,28%
Dose D1	1,33%	11,75%	20,02%	26,00%	26,92%	27,30%
Dose D2	3,59%	20,33%	26,12%	24,27%	25,14%	27,06%
Dose D3	0,05%	12,66%	40,94%	42,07%	24,03%	25,72%

Annexe 03 : **Teneurs rencontrées dans la M.S du végétal (CHAPMAN et *al* 1966 in MARTIN et *al*., 1984)**

Nom	symbole	Teneurs rencontrées dans la M.S	
		Couramment (feuilles ou pousses)	Cas particuliers
Arsenic	As	< 0,01 – 220 ppm	10 – 1200 ppm (racines)
Bore	B	5 – 1000 ppm sans toxicité	15 – 9000 ppm (toxicités)
Brome	Br	T – 0,05% (naturellement)	0,1 – 2,5%
Calcium	Ca	0,04 – 7%	à 9% (feuilles d'agrumes)
Cadmium	Cd	< 0,1 – 5 ppm	---
Chlore	Cl	0,01 – 6%	0,2 – 10% (toxicité)
Cobalt	Co	0,005 – 35 ppm	1 – 845 ppm
Chrome	Cr	0,03 – 250ppm	à 550 ppm (racines)
Cuivre	Cu	0,2 – 200 ppm	à 700 ppm (racines)
Fluor	F	1 – 2400 ppm sans toxicité	à 20000 ppm (racines)
Fer	Fe	25 – 1200 ppm	à 22000 ppm (racines)
Potassium	K	0,1 – 12%	à 22%
Magnésium	Mg	0,05 – 2%	---
Manganèse	Mn	7 – 3000 ppm	à 20000 ppm (toxicité)
Molybdène	Mo	0,02 – 150 ppm	à 2000 ppm.
Azote	N	0,25 – 7,5%	---
Sodium	Na	0,002 – 10%	---
Phosphore	P	0,02 – 1,4%	---
Plomb	Pb	< 0,01 – 20 ppm	à 900 ppm (racines)
Soufre	S	0,06 – 1,5%	---
Sélénium	Se	7 – 1400 ppm	---
Silicium	Si	0,01 – 2%	à 10% (dattier, riz et prêles)
zinc	Zn	4 – 420 ppm	100 – 7500 (toxicité)

➢ **Tableau de l'analyse la variance : Gain des hauteurs.**

Origines de la variation	ddl	S.C.E	Carrés moyens	F calculé	Signification
Tot S.bloc	11	127256,43	11568,77	33,99	
Facteur A Essence	2	115429,77	57714,88	0,32	THS
Blocs	3	1638,09	546,03		NS
Erreur 1	6	10188,57	1698 ,10		
Totale	47	227056,64	4830,99		
Facteur B Dose	3	30715,17	10238,39	5,95	HS
Interaction	6	22642,95	3773,83	2,19	NS
Sous-blocs	11	127256,43	11568,77	6,73	THS
Erreur 2	27	46442,09	1720,08		

CV « Essence » :28,6%   CV « Dose » :28,8%

➢ **Tableau de l'analyse la variance : C.E**

Origines de la variation	ddl	S.C.E	Carrés moyens	F calculé	Signification
Tot S.bloc	11	0.09	0.01		
Facteur A Essence	2	0.09	0.04	97.27	THS
Blocs	3	0.00	0.00	0.28	NS
Erreur 1	6	0.00	0.00		
Totale	47	0.82	0.02		
Facteur B Dose	3	0.56	0.19	555.25	THS
Interaction	6	0.16	0.03	77.20	THS
Sous-blocs	11	0.09	0.01	25.02	THS
Erreur 2	27	0.01	0.00		

CV « Essence » : 0,8%   CV « Dose » :0,7%

➢ **Tableau de l'analyse la variance : pH**

Origines de la variation	ddl	S.C.E	Carrés moyens	F calculé	Signification
Tot S.bloc	11	2.30	0.21		
Facteur A Essence	2	2.29	1.15	1241.94	THS
Blocs	3	0.00	0.00	0.13	NS
Erreur 1	6	0.01	0.00		
Totale	47	0.26	0.26		
Facteur B Dose	3	2.08	2.08	2828.12	THS
Interaction	6	0.62	0.62	845.01	THS
Sous-blocs	11	0.21	0.21	284.02	THS
Erreur 2	27	0.00	0.00		

CV « Essence » : 0,4%   CV « Dose » :0,4%

> **Tableau de l'analyse la variance : M.O**

Origines de la variation	ddl	S.C.E	Carrés moyens	F calculé	Signification
Tot S.bloc	11	0.89	0.08		
Facteur A Essence	2	0.35	0.17	2.06	NS
Blocs	3	0.04	0.01	0.15	NS
Erreur 1	6	0.50	0.08		
Totale	47	87.73	1.87		
Facteur B Dose	3	85.69	28.56	890.84	THS
Interaction	6	0.29	0.05	1.49	NS
Sous-blocs	11	0.89	0.08	2.52	HS
Erreur 2	27	0.87	0.03		

CV « Essence » :17,1%   CV « Dose » :10,6%

> **Tableau de l'analyse la variance : N. sol**

Origines de la variation	ddl	S.C.E	Carrés moyens	F calculé	Signification
Tot S.bloc	11	0.58	0.05		
Facteur A Essence	2	0.49	0.25	31.10	THS
Blocs	3	0.04	0.01	1.74	NS
Erreur 1	6	0.05	0.01		
Totale	47	9.36	0.20		
Facteur B Dose	3	8.22	2.74	236.22	THS
Interaction	6	0.24	0.04	3.46	HS
Sous-blocs	11	0.58	0.05	4.57	THS
Erreur 2	27	0.31	0.01		

CV « Essence » : 17,1%   CV « Dose » :20,7%

> **Tableau de l'analyse la variance : P. sol**

Origines de la variation	ddl	S.C.E	Carrés moyens	F calculé	Signification
Tot S.bloc	11	0.02	0.00		
Facteur A Essence	2	0.00	0.00	2.48	NS
Blocs	3	0.01	0.00	2.77	NS
Erreur 1	6	0.01	0.00		
Totale	47	0.14	0.00		
Facteur B Dose	3	0.10	0.03	47.43	THS
Interaction	6	0.00	0.00	0.97	NS
Sous-blocs	11	0.02	0.00	2.17.	S
Erreur 2	27	0.02	0.00		

CV « Essence » : 39,9%   CV « Dose » : 35,8%

> Tableau de l'analyse la variance : K. sol

Origines de la variation	ddl	S.C.E	Carrés moyens	F calculé	Signification
Tot S.bloc	11	0.00	0.00		
Facteur A Essence	2	0.00	0.00	3.55	NS
Blocs	3	0.00	0.00	5.34	S
Erreur 1	6	0.00	0.00		
Totale	47	0.00	0.00		
Facteur B Dose	3	0.00	0.00	19.12	S
Interaction	6	0.00	0.00	2.55	S
Sous-blocs	11	0.00	0.00	4.06	THS
Erreur 2	27	0.00	0.00		

CV « Essence » : 36,6%   CV « Dose » : 29,5%

> Tableau de l'analyse la variance : Ca. sol

Origines de la variation	ddl	S.C.E	Carrés moyens	F calculé	Signification
Tot S.bloc	11	0.00	0.00		
Facteur A Essence	2	0.00	0.00	1.51	NS
Blocs	3	0.00	0.00	0.31	NS
Erreur 1	6	0.00	0.00		
Totale	47	0.01	0.00		
Facteur B Dose	3	0.00	0.00	7.47	S
Interaction	6	0.00	0.00	0.38	NS
Sous-blocs	11	0.00	0.00	0.85	NS
Erreur 2	27	0.00	0.00		

CV « Essence » : 5,3%   CV « Dose » :5,5%

> Tableau de l'analyse la variance : ZN. sol

Origines de la variation	ddl	S.C.E	Carrés moyens	F calculé	Signification
Tot S.bloc	11	0.00	0.00		
Facteur A Essence	2	0.00	0.00	0.68	NS
Blocs	3	0.00	0.00	0.97	NS
Erreur 1	6	0.00	0.00		
Totale	47	0.07	0.00		
Facteur B Dose	3	0.05	0.02	28.77	S
Interaction	6	0.00	0.00	0.45	NS
Sous-blocs	11	0.00	0.00	0.68	NS
Erreur 2	27	0.01	0.00		

CV « Essence » : 10,3%   CV « Dose » : 12%

➢ **Tableau de l'analyse la variance : Cd. sol**

Origines de la variation	ddl	S.C.E	Carrés moyens	F calculé	Signification
Tot S.bloc	11	0.04	0.00		
Facteur A Essence	2	0.01	0.01	10.94	THS
Blocs	3	0.03	0.01	14.61	THS
Erreur 1	6	0.00	0.00		
Totale	47	0.37	0.01		
Facteur B Dose	3	0.29	0.10	91.93	THS
Interaction	6	0.01	0.00	0.95	NS
Sous-blocs	11	0.04	0.00	3.65	THS
Erreur 2	27	0.03	0.00		

CV « Essence » : 19,1%   CV « Dose » : 25,5%

➢ **Tableau de l'analyse la variance : Mg. sol**

Origines de la variation	ddl	S.C.E	Carrés moyens	F calculé	Signification
Tot S.bloc	11	0.00	0.00		
Facteur A Essence	2	0.00	0.00	1.61	NS
Blocs	3	0.00	0.00	2.35	NS
Erreur 1	6	0.00	0.00		
Totale	47	0.00	0.00		
Facteur B Dose	3	0.00	0.00	43.64	S
Interaction	6	0.00	0.00	1.42	NS
Sous-blocs	11	0.00	0.00	3.01	TS
Erreur 2	27	0.00	0.00		

CV « Essence » :25,8%   CV « Dose » : 18,1%

➢ **Tableau de l'analyse la variance : Na. sol**

Origines de la variation	ddl	S.C.E	Carrés moyens	F calculé	Signification
Tot S.bloc	11	0.00	0.00		
Facteur A Essence	2	0.00	0.00	8.25	S
Blocs	3	0.00	0.00	2.79	NS
Erreur 1	6	0.00	0.00		
Totale	47	0.00	0.00		
Facteur B Dose	3	0.00	0.00	43.43	S
Interaction	6	0.00	0.00	1.02	NS
Sous-blocs	11	0.00	0.00	2.21	NS
Erreur 2	27	0.00	0.00		

CV « Essence » : 7,2%   CV « Dose » : 8,1%

Annexe 5 : tableaux analyses des variances « végétal »

➤ **Tableau de l'analyse de la variance : N. végétal**

Origines de la variation	ddl	S.C.E	Carrés moyens	F calculé	Signification
Tot S.bloc	11	7.36	0.67		
Facteur A Essence	2	7.32	3.66	1715.54	THS
Blocs	3	0.03	0.01	4.70	NS
Erreur 1	6	0.01	0.00		
Totale	47	12.38	0.26		
Facteur B Dose	3	2.62	0.87	521.42	THS
Interaction	6	2.35	0.39	233.43	THS
Sous-blocs	11	7.36	0.67	399.27	THS
Erreur 2	27	0.05	0.00		

CV « Essence » : 3,1%   CV « Dose » : 2,7%

➤ **Tableau de l'analyse de la variance : P. végétal**

Origines de la variation	ddl	S.C.E	Carrés moyens	F calculé	Signification
Tot S.bloc	11	0.14	0.01		
Facteur A Essence	2	0.14	0.07	482.19	THS
Blocs	3	0.00	0.00	1.64	NS
Erreur 1	6	0.00	0.00		
Totale	47	0.28	0.01		
Facteur B Dose	3	0.11	0.04	133.94	THS
Interaction	6	0.03	0.00	16.59	THS
Sous-blocs	11	0.14	0.01	46.15	THS
Erreur 2	27	0.01	0.00		

CV « Essence » : 9,2%   CV « Dose » : 12,7%

➤ **Tableau de l'analyse de la variance : K. végétal**

Origines de la variation	ddl	S.C.E	Carrés moyens	F calculé	Signification
Tot S.bloc	11	0.26	0.02		
Facteur A Essence	2	0.25	0.13	276.50	THS
Blocs	3	0.00	0.00	1.49	NS
Erreur 1	6	0.00	0.00		
Totale	47	0.73	0.02		
Facteur B Dose	3	0.38	0.13	198.38	THS
Interaction	6	0.08	0.01	20.44	THS
Sous-blocs	11	0.26	0.02	36.89	THS
Erreur 2	27	0.02	0.00		

CV « Essence » : 3,8%   CV « Dose » : 4,4%

➤ **Tableau de l'analyse de la variance : Mg. végétal**

Origines de la variation	ddl	S.C.E	Carrés moyens	F calculé	Signification
Tot S.bloc	11	0.06	0.01		
Facteur A Essence	2	0.05	0.03	34.69	S
Blocs	3	0.00	0.00	0.02	NS
Erreur 1	6	0.00	0.00		
Totale	47	0.11	0.00		
Facteur B Dose	3	0.04	0.01	38.77	S
Interaction	6	0.01	0.00	4.02	S
Sous-blocs	11	0.06	0.01	15.01	THS
Erreur 2	27	0.01	0.00		

CV « Essence » : 19,1%   CV « Dose » : 12,9%

➤ **Tableau de l'analyse de la variance : Ca. végétal**

Origines de la variation	ddl	S.C.E	Carrés moyens	F calculé	Signification
Tot S.bloc	11	11.00	1.00		
Facteur A Essence	2	10.88	5.44	649.31	THS
Blocs	3	0.06	0.02	2.56	NS
Erreur 1	6	0.05	0.01		
Totale	47	13.63	0.29		
Facteur B Dose	3	0.65	0.22	31.44	THS
Interaction	6	1.81	0.30	43.91	THS
Sous-blocs	11	11.00	1.00	145.85	THS
Erreur 2	27	0.19	0.01		

CV « Essence » : 10,1%   CV « Dose » : 9,2%

➤ **Tableau de l'analyse de la variance : Na. végétal**

Origines de la variation	ddl	S.C.E	Carrés moyens	F calculé	Signification
Tot S.bloc	11	1.39	0.13		
Facteur A Essence	2	1.38	0.69	501.35	S
Blocs	3	0.00	0.00	0.50	NS
Erreur 1	6	0.01	0.00		
Totale	47	8.43	0.18		
Facteur B Dose	3	5.09	1.70	287.73	S
Interaction	6	1.79	0.30	50.44	S
Sous-blocs	11	1.39	0.13	21.43	S
Erreur 2	27	0.16	0.01		

CV « Essence » : 3,1%   CV « Dose » : 6,3%

> Tableau de l'analyse de la variance : Cu. végétal

Origines de la variation	ddl	S.C.E	Carrés moyens	F calculé	Signification
Tot S.bloc	11	498.26	45.30		
Facteur A Essence	2	490.39	245.20	315.43	S
Blocs	3	3.21	1.07	1.37	NS
Erreur 1	6	4.66	0.78		
Totale	47	1308.87	27.85		
Facteur B Dose	3	449.85	149.95	13148	S
Interaction	6	329.97	55.00	48.22	S
Sous-blocs	11	498.26	45.30	39.72	S
Erreur 2	27	30.79	1.14		

CV « Essence » : 7,14%   CV « Dose » : 8,6%

> Tableau de l'analyse de la variance : Zn. végétal

Origines de la variation	ddl	S.C.E	Carrés moyens	F calculé	Signification
Tot S.bloc	11	25374.60	2306.78		
Facteur A Essence	2	25227.36	12613.68	888.56	THS
Blocs	3	62.06	20.69	1.46	NS
Erreur 1	6	85.17	14.20		
Totale	47	28651.90	609.61		
Facteur B Dose	3	1551.11	517.04	100.03	THS
Interaction	6	1586.64	264.44	51.16	THS
Sous-blocs	11	25374.60	2306.78	446.31	THS
Erreur 2	27	139.55	5.17		

CV « Essence » : 14,1%   CV « Dose » : 8,5%

> Tableau de l'analyse de la variance : Mn. végétal

Origines de la variation	ddl	S.C.E	Carrés moyens	F calculé	Signification
Tot S.bloc	11	1320208.38	120018.9		
Facteur A Essence	2	1319879.63	659939.81	34024.82	THS
Blocs	3	212.38	70.79	3.65	NS
Erreur 1	6	116.38	19.40		
Totale	47	1472339.63	31326.38		
Facteur B Dose	3	37902.88	12634.29	538.80	THS
Interaction	6	113595.25	18932.54	807.39	THS
Sous-blocs	11	1320208.38	120018.95	5118.28	THS
Erreur 2	27	633.13	23.45		

CV « Essence » : 2,6%   CV « Dose » : 2,8%

www.ingramcontent.com/pod-product-compliance
Lightning Source LLC
Chambersburg PA
CBHW021107210326
41598CB00016B/1365